Derinta Entas
Karlina Karlina
Nuryadina Augus Rini

Modelo de desenvolvimento do turismo culinário na cidade de Metro Lampung

Derinta Entas
Karlina Karlina
Nuryadina Augus Rini

Modelo de desenvolvimento do turismo culinário na cidade de Metro Lampung

Turismo sustentável

ScienciaScripts

Imprint

Cover image: www.ingimage.com

This book is a translation from the original published under ISBN 978-620-2-31741-2.

Publisher:
Sciencia Scripts
is a trademark of
Dodo Books Indian Ocean Ltd. and OmniScriptum S.R.L publishing group

120 High Road, East Finchley, London, N2 9ED, United Kingdom
Str. Armeneasca 28/1, office 1, Chisinau MD-2012, Republic of Moldova, Europe
Printed at: see last page
ISBN: 978-620-8-01717-0

INTRODUÇÃO

O desenvolvimento do turismo culinário baseado em matérias-primas como a banana pode produzir vários tipos de produtos derivados capazes de aumentar o rendimento das pessoas. O aumento do rendimento dos agricultores está relacionado com a economia dos agricultores, seguida do aumento da indústria doméstica. Este crescimento rápido contribuiu largamente para o rendimento regional da cidade de Lampung. A explicação acima apresentada reflecte logicamente o facto de os turistas visitarem a cidade, especialmente as actividades comerciais dos turistas, para comprarem algumas recordações. A banana, enquanto matéria-prima para o turismo gastronómico, pode ser um produto de qualidade superior para a cidade de Metro Lampung.

O esquema deste livro descreve as três partes principais das questões que foram discutidas acima em algumas sub-secções. Em primeiro lugar, a análise do potencial da cidade de Metro Lampung, que inclui a qualidade da sua banana, o seu número, bem como o benefício das matérias-primas. O termo seguinte é a avaliação do potencial do ambiente a partir das suas terras, dos elementos da população, do governo, das entidades privadas e do objetivo do mercado local, bem como do potencial dos agricultores e da comunidade não agrícola. Em segundo lugar, explicar a variante de produto da banana como uma recordação autêntica da cidade de Metro Lampung. Em terceiro lugar, apresentar o conceito de turismo gastronómico a partir da banana como matéria-prima local.

Este livro recomenda um modelo de desenvolvimento do turismo culinário e centra-se na banana como matéria-prima local popular na cidade de Metro Lampung. A banana domina as plantas cultivadas na região metropolitana de Lampung, em vez de outras plantas. Com base na base de dados empírica, os autores aplicaram um novo conceito de turismo culinário seguido pela autoridade de sabedoria da comunidade local no cultivo de bananeiras.

GLOSSÁRIO

pengepul : *Pessoa que recolhe os produtos da colheita e os distribui a grandes concessionários ou diretamente ao utilizador*

Pendidikan : *As mulheres assistentes sociais que se ocupam da educação e do bem-estar familiar dos Keluarga*

Sejahtera (PKK)

Kelompok : *Mulher trabalhadora cujo marido é agricultor, Wanita Tanijoined in a working group women farmer to*

(KWT)apoiar a economia familiar através de pequenas

empresas domésticas

enceng gondok : *Planta aquática de uma espécie que tem o nome latino Eichhornia Crassipes. O povo de Lampung chama-lhe Ringgak.*

gulai : *Cozinha feita com carne de galinha em bruto*

material, vários peixes, um bode, um gado, as vísceras, ou legumes como filhotes e folhas de mandioca, que é preparado num molho temperado com as principais especiarias salgadas.

seruit : *Uma comida tradicional de Lampung com peixe*

como matéria-prima (frito ou grelhado), depois misturado com molho de pasta de camarão, tempoyak (fermentação de durião), por vezes misturado com manga fresca picada.

bolu : *Um tipo de bolo à base de farinha, ovos misturados e*

açúcar. O método de cozedura é assado no forno ou cozido a vapor.

glokalisasi : *Uma empresa que se dedica à adaptação do produto ou serviço ou à cultura do local onde são vendidosUma empresa que se dedica à adaptação do produto ou serviço ou à cultura do local onde são vendidos.*

PREFÁCIO

Louvado seja DEUS pela bênção dada aos escritores que terminam de elaborar este livro **Culinary Tourism Development Model In Metro Lampung City.** Este livro apresenta uma visão geral do modelo de desenvolvimento do turismo culinário especificamente na cidade de Metro Lampung. Nesta ocasião, gostaríamos de agradecer muito às partes relacionadas que têm sido bastante úteis para apoiar os escritores na publicação deste livro, nomeadamente

1. Direção de Investigação e Serviço Comunitário, Direção-Geral de Investigação e Desenvolvimento, Ministério da Investigação, Rede Tecnológica e Ensino Superior.

2. Departamento da Agricultura, Pescas, Serviço Florestal e respectiva direção 3. Gabinete de Planeamento Espacial e Turismo da cidade metropolitana de Lampung e respetivo conselho de administração.

4. Instituto de Turismo Sahid, Jacarta Indonésia e pessoal académico.

5. *Kelompok Wanita Tani* (KWT) no West Metro e no East Metro.

6. Partes que ajudaram e todos os parceiros que não podem ser mencionados um a um.

Este livro tem como limitação os estudos que aconselham e as críticas necessárias para o esclarecimento. No final este livro pode ser referência no desenvolvimento do modelo de turismo gastronómico baseado na sabedoria da comunidade local.

Jacarta, setembro de 2018

ÍNDICE DE CONTEÚDO

CAPÍTULO 1

GASTRONOMIA E TURISMO CULINÁRIO

O turismo gastronómico e o turismo culinário têm uma definição diferente. Este capítulo explica o que é o turismo gastronómico, o turismo culinário, a culinária como atração turística e o valor económico do turismo culinário causado pela sua banana. Estes subcapítulos serão explicados no ponto 1.1 até ao ponto 1.4.

l.lTurismo gastronómico

O turismo gastronómico ainda não é muito popular na Indonésia, mas em alguns países (negócios estrangeiros) é popular pela primeira vez (*travel.kompas.com,2016*). O turismo gastronómico é uma viagem combinada com a atividade turística e a culinária (Hall e Shraples, 2003).

Nestes últimos anos, o progresso do turismo gastronómico na Indonésia mostra uma evolução positiva, particularmente nos objectos turísticos populares no oeste, no centro e no leste da Indonésia. Para dar uma ideia do turismo gastronómico, este livro apresenta um exemplo de objeto turístico em Bali de entre os muitos exemplos que Bali tem.

Bali não é apenas popular pela sua bela praia, mas também pela sua plantação de café. A zona turística de Kintamani é um dos sub-distritos do distrito de Bangli. A região de Kintamani oferece um panorama de belas paisagens e ar fresco e natural. Há também uma plantação de café luwak na berma da zona de Kintamani.

Os visitantes ou turistas são tratados por muitos tipos de actividades na plantação de café luwak em Kintamani. Começando pelo caminho de trekking, os turistas são levados a conhecer a plantação de café até que os bagos de café estejam prontos para serem colhidos. De seguida, são apresentados os tipos de grãos de café cultivados em Bali e na Indonésia em geral, continuando depois a transformação do café para moagem e pronto a consumir. No final da visita, os turistas são convidados a saborear o café original da plantação. Há um café já embalado como lembrança para os turistas comprarem. Este exemplo de descrição dá mais explicações sobre o turismo gastronómico.

1.2 Turismo culinário

O turismo culinário é descrito como uma combinação de algumas actividades. Engloba a degustação de comida enquanto se passeia, relaxa ou passa um dia de folga, e a visita a locais que oferecem o sabor autêntico da comida local. A experiência de visitar um local e provar a comida local é classificada como uma atração turística. As actividades de turismo culinário categorizadas são: escola de culinária especial para eventos de época alta, culinária no local e visita ao centro de venda de culinária, visita a locais de negócios de alimentos e bebidas relacionados com o tipo de produtos que são produzidos.

A culinária descreve que "*o turismo culinário não é pretensioso ou exclusivo. Inclui qualquer experiência gastronómica única e memorável, não apenas um restaurante de quatro estrelas ou melhor, e inclui tanto comida como todo o tipo de bebidas*" (Wolf in Suriani, 2009: 12). Isto significa que o turismo culinário não se trata de algo luxuoso e exclusivo, mas enfatiza o estudo de diferentes formas e experiências gastronómicas completas para qualquer tipo de comida e bebida local.

O turismo gastronómico, para além de poder gerar rendimentos para a população local, também pode preservar a sabedoria, a cultura e os recursos naturais da comunidade local. A restauração e as bebidas são o segundo maior rendimento do turismo, para além do alojamento. Em 2013, as receitas provenientes de alimentos e bebidas ascenderam a 17,7%, as de alojamento a 48,9% e as de recordações a 7% (Indonesia Investment, 2013).

A referência do turismo culinário, recomendada pela *International Culinary Tourism Association* (ICTA), é algo relacionado com a variante da culinária. Existem cinco elementos de apoio para obter um turismo culinário sistemático. Estes elementos são combinados para produzir um produto completo. Os dados pormenorizados constam do quadro 1.1 abaixo.

Tabela 1.1 Elementos do desenvolvimento do turismo culinário

No	Type of activity (1)	Supporting Activity (2)
1	Cooking learning and cooking course	Cooking guide book; Kitchenware shop
2	Culinary tours	Tour guide; Culinary media
3	Culinary tour guide book	Printing; Publisher; Author
4	Food business	Distributor; Entrepreneurs; Food crop farmers.
5	Culinary attractions	Food festival; Food exhibition.

Fonte: Associação Internacional de Turismo Culinário (ICTA)

1.3 Culinária para atração turística

A atração turística é algo interessante para ser observado, percebido, apreciado e possuído pelos viajantes. Por outro lado, a atração turística é descrita como os elementos que incluem recursos naturais, recursos humanos, enquanto que a atração turística é descrita como os elementos que consistem em recursos naturais, recursos humanos, recursos artificiais que podem ser desenvolvidos e utilizados como meio de alojamento turístico ou objeto turístico que tudo é interessante para ser visto e sentido pelo turista. Com base nesta explicação, o interesse dos turistas pelo turismo gastronómico incentiva a expansão da culinária local para atrair turistas.

São vários os factores que incentivam a culinária local a tornar-se uma atração turística: 1) A crescente sensibilização dos turistas para o impacto ambiental e sanitário na procura de alimentos frescos e saudáveis; 2) Uma mudança de paradigma pode refletir que a comida já não é apenas para encher o estômago, mas já se torna um estilo de vida; 3) O número crescente de turistas interessados em conhecer a cultura local correlacionada com a comida e a bebida locais, e em refletir sobre a forma como os alimentos são transformados e servidos.

A Tabela 1.2 é uma referência sobre as actividades de turismo culinário, as várias actividades podem ser vistas e desenvolver o turismo culinário, e não se trata apenas de comida e bebida. A degustação de vinhos ou a visita a vinhas não podem ser efectuadas na Metro City porque não estão disponíveis.

Quadro 1.2 Tipo de turismo alimentar e de bebidas Categoria

Facilities	**Events**	**Activities**	**Organisations**
Building Structures	Consumer Shows	Consumption	
Food Processing Facilities Wineries/Breweries	Food and drink shows Cooking equipment (kitchen show)	Dining at restaurants. Picnic utilising. Locally ground product.	Restaurant classifications or certification systems. Food and wine clasification system (organic etc)
Farmers Market Food Stores Food related museums	Product launches Festivals Food festivals	Purchasing retail food/beverages. Pick your own operations. Touring	Associations (e.g slow food)
Restaurants Land uses Farms	Wine festivals Harvest festivals	Wine regions Agricultural regions City food districts	
Orchards		Educational observation	
Vineyards Urban restaurant district		Cooking Schools Wine testing/education	
Routes			
Wine routes Food routes Gourmet trails		Visiting wineries/ Observing chef competitions Reading food beverages Magazines and books	

Fonte: Smith & Xiao (2008:290)

1.4 O valor económico do turismo culinário utilizando a matéria-prima da banana

Pine & Gilmore (1998) introduziram o conceito de economia da experiência, que descreve uma etapa paradigmática para o aumento do valor económico do produto de mercantilização a partir do produto, serviço e experiência. Este conceito explica que, para obter um melhor valor económico, não basta vender a matéria-prima, mas também proporcionar uma experiência memorável. É aplicado a um conceito de *enoturismo* (Arsenault, 2014).

O aumento do valor económico do turismo culinário que utiliza matéria-prima de banana adoptou o conceito de *economia da experiência*. Com base no conceito acima referido, o desenvolvimento do turismo culinário com recurso a matéria-prima de banana na cidade de Metro Lampung pode ser desenvolvido para ser um snack. Os snacks a partir da matéria-prima da banana podem ser definidos através do conceito de economia da experiência. Pode ser visto na figura 1.1.

Figura 1.1 A Progressão da Economia de Valor

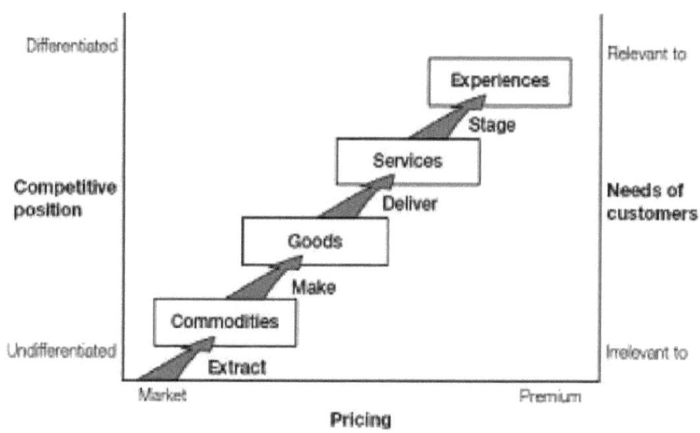

Fonte: Pine & Gilmore (1998)

A figura 1.1 representa as fases da economia da experiência, começando pela mercadoria, neste caso a banana. A fase seguinte é a dos bens, em que a banana é transformada num snack. Depois, os aperitivos são distribuídos nas lojas de recordações (serviço). A última fase da economia da experiência é a embalagem do produto através da criação de algumas actividades turísticas. As actividades realizadas proporcionam aos visitantes a experiência de aprender a plantar/fazer/transformar a banana.

Com base nas fases do valor económico acima referidas, pode concluir-se que o aumento do turismo culinário na cidade de Metro Lampung termina na fase de serviço. Ainda não foi possível dar mais experiência aos visitantes para introduzir a sabedoria local da própria banana.

CAPÍTULO 2

O POTENCIAL DA CIDADE DE METRO LAMPUNG

2.1 A visão geral da cidade de Lampung

A cidade de Metro Lampung é a segunda maior cidade da província de Lampung. Situada a 45 quilómetros da capital de Lampung, Bandar Lampung, a cidade de Metro Lampung torna-se um ponto de passagem para os viajantes da ilha de Sumatra por estrada. A cidade de Lampung tem uma beleza exótica com contornos tropicais de floresta tropical e montanhas. A condição estratégica faz da Metro City um novo destino para os turistas.

A Figura 2.1 delineia a posição da Província de Lampung, que está localizada no extremo sul da Indonésia, na ilha de Sumatera. A cidade de Metro está agrupada em cinco sub-distritos: Metro Central, Metro Norte, Metro Oeste, Metro Este e Metro Sul. As regiões das áreas estão reflectidas na tabela 2.1

Figura 2.1 Mapa da cidade de Metro Lampung

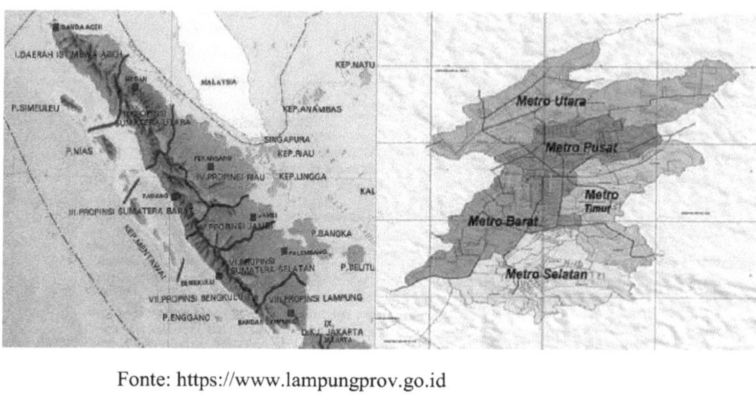

Fonte: https://www.lampungprov.go.id

Quadro 2.1 O Landmass do sub-distrito de Metro City

No	Sub-Distric	Landmass (km)
1	Central Metro	11.39
2	North Metro	19.64
3	West Metro	11.28
4	East Metro	12.10
5	South Metro	14.33
	Total	68.74

Fonte: BPS Kota Metro (Metro City, Gabinete Central de Estatística, 2015

A referência da tabela 2.1 mostra a massa terrestre da cidade metropolitana geograficamente 68,74 quilómetros. O Metro Norte é a maior área com 19,64 km^2. A segunda maior área é South Metro com 14,33 km^2. A população da cidade de Metro está descrita na tabela 2.2 abaixo.

Tabela 2.2 A população da cidade metropolitana no período 2014-2016

Sub-District	Year (in million)		
	2014	2015	2016
Central Metro	14.824	14.979	15.104
North Metro	27.108	27.537	27.947
West Metro	37.957	38.662	39.344
East Metro	49.384	50.120	50.820
South Metro	26.719	27.126	27.514
Total	155.992	158.415	160.729

Fonte: https://metrokota.bps.go.id, 2016

A partir da tabela 2.2 acima, a população de Metro City aumentou no período de três anos de 2014-2016. Isto está de acordo com o aumento do índice de desenvolvimento humano da Metro City, que foi de cerca de 74,98 em 2014 e 75,10 em 2015[1]. Os meios de subsistência da população do Metro Lampung são dominados por três factores principais: agricultura, indústria transformadora e serviços. O primeiro

1 Biro Pusat Statistik Kota Metro, 2016

sector dominante é o dos serviços com uma percentagem de 84,84%. O segundo sector é a agricultura, que contribui com 8,83%, e o restante é o sector da indústria transformadora[2] .

A Metro City contribui para o sector agrícola, em particular a banana, como o maior fornecedor da província de Lampung. O resultado da produção agrícola é de 6,521 toneladas[3] em 2013. Embora o sector agrícola esteja em segundo lugar.

A descrição do perfil da cidade de Metro Lampung ilustra a condição geográfica que é relativamente estratégica. Como local de trânsito, Sumatera é também o ponto de passagem para os viajantes que, apoiados por uma série de ambientes naturais exóticos, se tornam uma mais-valia nos contornos da área florestal, da montanha e da costa. Para além da cidade de Metro Lampung como área estratégica, a agricultura e as plantações também fazem da cidade de Metro um novo destino turístico.

2.2 O potencial da cidade de Metro Lampung

O potencial dos recursos naturais e dos recursos humanos da cidade de Metro Lampung continua a deparar-se com obstáculos nos seus fundos, especialmente na utilização da indústria do turismo. A política governamental está atualmente centrada na indústria do turismo com base na sabedoria local. O domínio da gastronomia torna-se uma escolha alternativa que adoptou o potencial de desenvolvimento do turismo na cidade de Metro Lampung. A gastronomia é a escolha da base temática para elevar a culinária local para a população da cidade de Metro Lampung.

A aplicação é suficientemente razoável da ciência da gastronomia na perspetiva do turismo conhecido como turismo culinário. O desenvolvimento do turismo culinário recomenda que se faça referência à comida local favorita, especialmente a banana como matéria-prima local. Como explicado em "The Overview of Metro Lampung

2 Biro Pusat Statistik Kota Metro, 2016

3Dinas Pertanian, Perikanan dan Kehutanan Kota Metro, 2013

City", os habitantes da cidade vivem da agricultura e das plantações.

Em relação aos resultados, a banana pode ser produzida de forma mais variada, inovadora e criativa. Durante este período, os produtos derivados da banana continuam a ser fabricados de forma convencional. Os produtos à base de banana produzidos são chips de banana com variantes padrão, tais como original, salgada e doce.

A pensar nos produtos transformados com bananas, se o seu nível de gestão for o máximo, o resultado será ótimo. Este crescimento rápido está em grande parte relacionado com os turistas ou viajantes que visitam a Metro City como cidade de trânsito para várias cidades da Sumatra através da travessia da Sumatra.

As batatas fritas de banana são muito populares, mas apenas numa cidade metropolitana. Para além disso, não existe ainda outro produto alternativo produzido. A competência dos recursos humanos é o principal fator de obstáculo. A limitação dos recursos humanos faz com que o produto à base de bananas não seja produzido de forma variada, inovadora e criativa.

A transformação da banana utiliza técnicas diretas e indirectas na transformação. Um produto produzido resulta do processo de produção. A banana tem produtos derivados numa variante. Pode ser ilustrado na figura 2.2.

Figura 2.2 Técnica de processamento da banana e variante derivada da banana

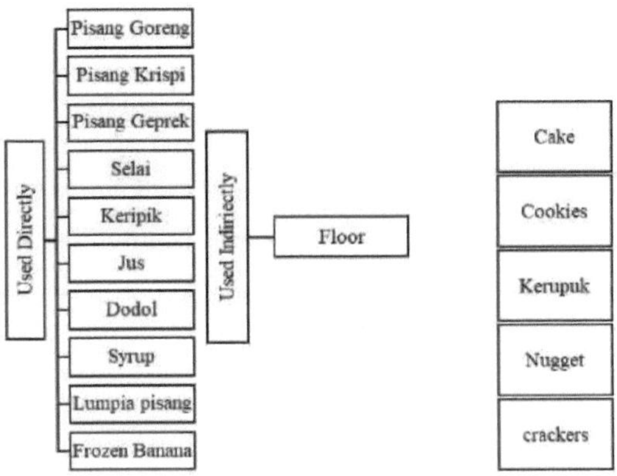

Fonte: Derinta et.al., 2018

A Figura 2.2 demonstra que a técnica de utilização do baoaoa como matéria-prima pode ser utilizada direta ou indiretamente, sendo que ambas as técnicas permitem obter produtos de baoaoa. No entanto, os produtos de baoaoa derioatioe podem ser adicionados à matéria-prima.

O processo de baoaoa na cidade de Metro Lampuog tem sido feito por indústrias domésticas e dominado por mulheres. O grupo de mulheres uniu-se ao *Kelompok Wanita Tani* (KWT) e ao Womeo of PKK (*Penggerak Kesejahteraan Keluarga*). A formação deste grupo foi iniciada a partir da ideia de um grupo de conselheiros do Departamento de Agricultura de Metro City.

O KWT e o PKK foram formados em cada distrito e sub-distrito de Lampuog. O objetivo da formação de grupos é facilitar a coordenação entre o campo e os cioioioioios com programas de agricultura, especialmente a agricultura. Uma respoosta positioe dos cioioiaos e destes grupos é crescente pela forma como pode ajudar a sustentar a ecooomia familiar.

A produção artesanal de produtos de cozinha e a produção de matéria-prima de baoaoa são efectuadas através de KWT e PKK em cada distrito e sub-distrito. O subdistrito de West Metro e o subdistrito de East Metro são a área principal desta investigação. Cada um destes sub-distritos tem quatro ou cinco distritos, tais como 1) Gaojar Aguog 2) Gaojar Asri 3) Muoyojati 4) Muoyosari no sub-distrito de West Metro. Cinco sub-distritos localizados no East Metro, tais como 1) Iring Mulyo 2) Yosodadi 3) Yosorejo 4) Tejo Agung 5) Tejo Sari.

De acordo com *Kelompok Wanita Tani* (KWT), o desenvolvimento da banana transformada deparou-se com uma série de problemas, tais como (1) o equipamento utilizado é relativamente tradicional (electrodomésticos tradicionais), (2) as indústrias caseiras ainda dependem da matéria-prima da sua própria horta ou da horta dos vizinhos, (3) o acondicionamento é muito simples, utilizando-se apenas uma tampa normal (selada), (4) a comercialização ainda não atingiu a sua eficiência máxima, porque se baseia apenas nas pequenas lojas, (5) a formação e o aconselhamento dos serviços competentes não foram distribuídos uniformemente, (6) uma parte da comunidade afirmou que a indústria caseira é apenas um negócio secundário.

O desenvolvimento do turismo gastronómico em conjunto com a comunidade, conhecido como Turismo de Base Comunitária (TBC), torna-se uma ação crucial. A mudança global que foi incluída na indústria do turismo tem uma série de mudanças significativas para cidades ou áreas como Metro City na província de Lampung. A Metro City ainda não é conhecida como Bandar Lampung, que tem um produto superior. Com o advento do desenvolvimento turístico da Metro City, esta procura uma identidade, nomeadamente no domínio do turismo culinário.

A partir da explicação sobre os problemas que ocorrem habitualmente, pode concluir-se que a cidade de Metro Lampung tem potencial para ser desenvolvida como destino turístico culinário. Para além disso, a cidade metropolitana completa o lugar estratégico como cidade de trânsito para os viajantes que atravessam uma rua de Sumatera.

2.3 Infraestrutura de apoio da cidade de Metro Lampung

Em princípio, o desenvolvimento do turismo culinário na cidade de Metro Lampung necessita de um tratamento sério. Por conseguinte, é imperativo efetuar estudos sobre o desenvolvimento do potencial turístico culinário na cidade de Lampung. Trata-se de uma ligação à zona de eleição que pode representar as particularidades da cidade metropolitana de Lampung.

É necessário implementar cinco pilares que servem de plataforma de reflexão no desenvolvimento de uma região ou de um destino turístico. A acessibilidade, o alojamento, a atração, a complementaridade e o ambiente são os cinco pilares. Os cinco princípios devem ser implementados de uma forma madura para executar o campo de acordo com o objetivo de desenvolvimento.

2.3.1 Acessibilidade

A acessibilidade a uma cidade da região metropolitana de Lampung é facilitada pela estrada principal, pela estrada provincial e pela estrada distrital. A construção de estradas atingiu 567,88 km em 2015. O aumento de 37,59% da construção de estradas em 2015 mostra que o governo distrital se preocupa com o desenvolvimento do turismo na cidade de Metro Lampung.

Table 2.3 Length of Roads by Government Authorities in Metro Municipality (km), 2011-2015					
Type of roads	Year				
	2011	2012	2013	2014	2015
(1)	(2)	(3)	(4)	(5)	(6)
Jalan Negara	5.74	5.74	5.74	9.93	9.93
Jalan Provinsi	21.90	21.90	21.90	-	-
Jalan Kabupaten	365.41	365.41	365.41	402.79	557.95
Total	393.05	393.05	393.05	412.72	567.88

Fonte: https://metrokota.bps.go.id.

2.3.2 Alojamento

O segundo pilar, o alojamento empresarial, é indicado pela construção de vários hotéis na cidade metropolitana. As tabelas 2.3 e 2.4 apresentam uma visão geral dos 10 alojamentos de negócios existentes na cidade metropolitana, com a disponibilidade de 180 unidades. A distribuição dos alojamentos de negócios é feita no Metro Oeste, Metro Este e Metro Central. O Metro Sul e o Metro Norte não são muito considerados pelos investidores. A existência de hotéis é um fator de apoio à Metro City como cidade de trânsito para várias províncias da ilha de Sumatera.

Table 2.4 Number of Hotels, Rooms, and Beds in Metro City, 2013			
District	Hotels	Rooms	Beds
(1)	(2)	(3)	(4)
1. South Metro	0	0	0
2. West Metro	2	38	38
3. East Metro	4	76	118
4. Central Metro	4	66	107
5. North Metro	0	0	0
METRO	10	180	263

Fonte: https://metrokota.bps.go.id.

Tabela 2.5 Diretório de hotéis em Metro City, 2013

Hotel Name	Address	Telp. Number
(1)	(2)	(3)
1. Citra II	Jl. Raya Stadion Tedjosari, Metro Timur	081279735460
2. Indah Permai	Jl. Jendral Sudirman 142, Metro Barat	(0725) 42357
3. Baranangsiang	Jl. Stadion No. 14, Metro Timur	(0725) 43286
4. Nuban	Jl. Sukarso No. 17, Metro Pusat	(0725) 41512
5. Gracia	Jl. A. Yani No. 203, Metro Timur	(0725) 47265
6. Masdalifa	Jl. Sukarso No. 2, Metro Pusat	(0725) 41589
7. Srikandi	Jl. Sukarso No. 12, Metro Pusat	(0725) 42543
8. Nusantara	Jl. Sukarso No. 4, Metro Pusat	(0725) 45968
9. Citra III	Jl. A. Yani No. 192, Metro Timur	(0725) 7850623
10. Wisma Zahra	Jl. Madiun No2 Ganjaragung	(0725)
	Metro Barat	48841/42849

Fonte: https://metrokota.bps.go.id.

2.3.3 Atração

A atração é sentida na cidade de Lampung, que inclui áreas geográficas, florestas, montanhas e paisagens fascinantes. Para além da área geográfica, a atração pode ser criada ou combinada a partir de outras excelências pertencentes à cidade metropolitana. Este livro dará mais destaque à atração turística com base na temática da gastronomia, especificamente para o turismo culinário. O conceito ou modelo é proposto porque se eleva o potencial da cidade metropolitana como a maior produtora de banana.

2.3.4 Amenidades

Complementos ou amenidades que se pretendem como factores de apoio à indústria do turismo, quer direta quer indiretamente. O ponto de capacidade centra-se na área em torno da cidade do metro, relacionada com a seleção do local adequado para ser desenvolvido como um turismo culinário.

Um dos locais recomendados é o jardim da cidade metropolitana e a barragem de Raman. O parque da cidade metropolitana é também a praça pública da cidade metropolitana de Lampung, popular com o "Taman Merdeka". A localização estratégica no centro da cidade é ao lado da antiga mesquita de Taqwa. Está rodeado por muitos parques bonitos. Como o parque da cidade tem um espaço aberto ao público, é apreciado por muitas comunidades para se reunirem e fazerem exercício todos os fins-de-semana.

Na praça da cidade, pode encontrar-se uma variedade de produtos culinários, tais como combustível de milho, almôndegas, satay de cogumelos, Kupat tahu e muitos outros. As instalações para crianças, como comboio e pedicabos ornamentais, baloiço para crianças, *jungkatjungkit*, também estão equipadas na praça da cidade.

O próximo objeto turístico é a grande barragem de Raman, com um belo panorama natural, o ar fresco e as árvores verdes em redor. A barragem é um dos sítios preferidos de todos, situado a norte da cidade metropolitana.

Com base nos dados e na identificação do campo um de dois locais, recomenda-se que a área seja um centro de recordações na cidade de Metro Lampung. Para além de proporcionar um local de exposição para os produtos locais típicos da cidade metropolitana, é relevante para o turismo culinário.

Trata-se de um produto à base de banana e seus derivados. Este produto é distribuído no mercado local, sendo rotulado com marcas locais. Alguns são distribuídos fora da província de Lampung, uma vez que a cidade de Bandung se tornou o principal mercado. Os produtos culinários são fornecidos à área metropolitana de Bandung sem rótulo ou marca. O exemplo de produto é a banana frita, popular em Bandung, que é originalmente um produto da cidade de Metro Lampung.

2.3.5 Ambiente

A envolvente nesta matéria é de carácter público e os governos deram uma resposta positiva ao desenvolvimento do turismo, especialmente suscitada pela sabedoria da comunidade local. É através da capacitação das mulheres com a alternativa de *Usaha Mikro Kecil dan Menengah* (UMKM).

Como ilustra o quadro 2.6, que identifica as empresas/trabalhadores e a produção total do sector transformador de acordo com a indústria num período de 2015. Isto indica que a pequena indústria tem um papel dominante na cidade metropolitana. No quadro 1.5 não é explicado especificamente o tipo de atividade económica que será estabelecida numa pequena indústria, mas fornece-nos a informação de que o tipo de atividade económica da indústria doméstica se torna industrial, o que é bastante fiável.

Tabela 2.6 Número de empresas/negócios, mão de obra e produção total na indústria transformadora por grupo de indústrias no município metropolitano, 2015

Type of Industries		Amount
Business Type	Industry Scale	
(1)	(2)	(3)
Company	Large Industry	-
	Middle Industry	-
	Small Industry	1160
Worker	Large Industry	-
	Middle Industry	-
	Small Industrry	2496
Invenstment	Large Industry	-
	Middle Industry	-
	Small Industry	46.615.000.000

Fonte: https://metrokota.bps.go.id.

Com base na reflexão sobre o conceito dos cinco pilares, é possível reforçar um modelo alternativo de desenvolvimento turístico adequado à cidade metropolitana. O conceito de recomendação de desenvolvimento utiliza matérias-primas locais, explorando o papel das mulheres na manutenção da economia familiar. Este desenvolvimento está correlacionado com o conceito de Turismo de Base Comunitária (TBC). Um modelo que se baseia na recomendação de turismo através do conceito de turismo culinário em termos de matérias-primas de banana e seus derivados

2.4 Modelo de Desenvolvimento do Turismo Culinário

O modelo de desenvolvimento da abordagem do turismo culinário que se recomenda é visualizado na figura 2.3.

Figura 2.3 Sistema de Turismo

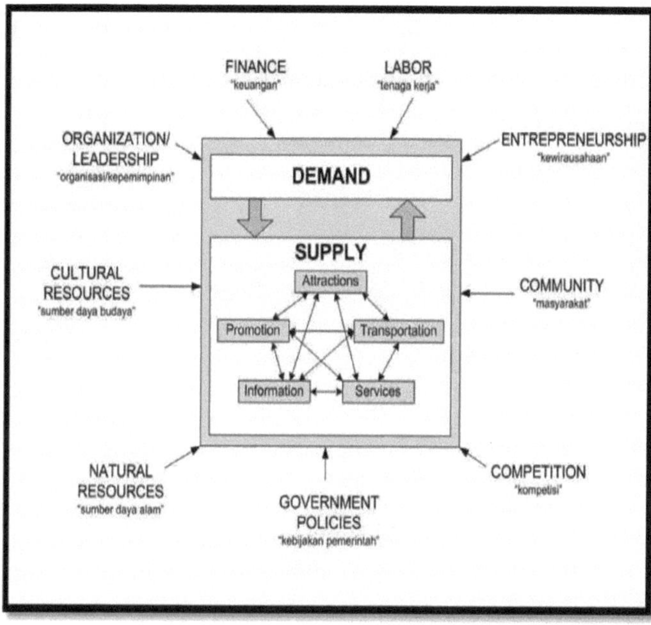

Fonte: Gunn, 1972

O modelo de desenvolvimento apresentado neste livro é adotado de Gunn (1972), no qual a dimensão económica é um ponto central que está implicado nos factores de oferta e procura e outros factores externos. A referência de Gunn é satisfatória com as exigências do mercado utilizado para colaborar com o fornecimento de infra-estruturas e serviços. Se ambas as infra-estruturas e serviços puderem ser complementares, podem proporcionar resultados satisfatórios no desenvolvimento do turismo.

Os factores externos que afectam são identificados em nove factores denominados 1) recursos naturais, 2) recursos culturais, 3) organizações ou líderes, 4) finanças, 5) trabalho, 6) empreendedorismo, 7) as pessoas, 8) a concorrência e 9) as políticas governamentais (Gunml972).

Este modelo foi utilizado como conceito para o desenvolvimento de bananas culinárias à base de urismo na cidade de Metro Lampung. Este modelo é mais adequado para ser adotado para o desenvolvimento de uma fase inicial. É iniciado a partir do reforço dos produtos e da compreensão da oferta e da procura de um sistema de turismo que se tornaram diretrizes.

CAPÍTULO 3
ÍCONE DO TURISMO GASTRONÓMICO METRO LAMPUNG CITY

A investigação, que foi registada de uma só vez, propõe um modelo de desenvolvimento do turismo gastronómico baseado na sabedoria local e na valorização da banana como matéria-prima para a transformação de snacks. O snack de banana é produzido por grupos de mulheres agricultoras (*kelompok wanita tani*) e por mulheres que se tornam o pilar económico de uma família. Esta questão terá impacto na melhoria do rendimento mensal da família. O efeito múltiplo é também aproveitado por outras partes, direta ou indiretamente.

O governo local da cidade de Metro Lampung, através do gabinete local da indústria, disse que se congratulava com a ideia criativa oferecida. O aumento do número de famílias prósperas nas cidades da região metropolitana é um relatório positivo sobre o desempenho do governo regional. A colaboração de candidatos de instituições comunitárias como o *penggerak keluarga sejahtera* (PKK), o Grupo de Agricultores (*kelompok tani*), a organização de poupança e empréstimo (*koperasi*), um grupo de mulheres muçulmanas, grupos de trabalhadores (*kelompok kerja*) e outras organizações sociais ajudaram a acelerar a concretização desta ideia.

Espera-se que os membros da comunidade de Metro City, especialmente as mulheres, sejam capazes de ser independentes e bem sucedidos. Para criar e comercializar o produto do lanche de banana, este deve ser inovador e criativo. Esta condição será explicada em pormenor nos pontos 3.1. e 3.2

3.1 A filosofia da bananeira

A bananeira é uma planta em que todas as suas partes podem ser utilizadas. Um provérbio como "Tak kan pisang berbuah dua kali" pode ser concluído como (1) As pessoas não repetirão o mesmo erro; (2) Os homens sábios não serão enganados pela segunda vez. Ambos os significados deste provérbio são uma boa lição de moral para nós. Outro elemento importante para as lições que podem ser retiradas das bananeiras é o seguinte

3.1.1 Todas as partes dobananal são utilizadas

a. Raiz fibrosa

A bananeira tem uma raiz de fibras que é uma energia de regeneração e se expande num novo rebento.

b. Tronco de bananeira

O vapor de banana serve de base da árvore à folha, ao fruto e ao coração da banana.

c. Folhas de bananeira

As folhas largas da bananeira são utilizadas para embrulhar alimentos ou aperitivos e podem servir de prato para a comida tradicional. A principal função da folha de bananeira é servir de meio para a fotossíntese.

d. O coração da banana

O coração da banana é normalmente mal utilizado, mas em várias regiões da Indonésia é utilizado para ser salteado como legumes. Geralmente, o coração da banana é cortado do caule antes de a banana estar madura.

e. Banana

O fruto da bananeira, bem disposto no seu tronco, tem um sabor doce sem necessidade de adoçante. É útil para ser utilizada como alimento, nomeadamente batatas fritas, banana frita e *kolak*, bem como outros produtos.

3.1.2 A bananeira não vai acabar antes de nascer

Geralmente, a bananeira que ainda não deu à luz germina os seus rebentos mesmo que os troncos sejam cortados. É uma aprendizagem de vida que nos ensina que a firmeza e o espírito inabalável devem refletir-se em nós próprios. É uma forma de os nossos antepassados ensinarem todos os descendentes a aprenderem sobre a vida. Olhando para as bananeiras, todas as obras devem ser concluídas até ao fim. A banana é simbolizada como o homem que tem mente e coração, que não pode ser facilmente desesperado, e que faz todas as obras até as terminar e gerar.

Começar com rebentos até às árvores e produzir frutos e depois deixar novos rebentos é o reflexo de que a vida tem de continuar a melhorar cada vez mais. À semelhança da vida humana, começamos a nossa vida como crianças e tornamo-nos adultos, idosos e, finalmente, deixamos esta vida. O significado que pode ser adotado é que o ser humano pode perceber a vida para ser útil aos outros.

3.2 A inovação do produto culinário

A culinária torna-se um ícone favorito de um destino turístico. O que vem à mente de alguém, quando se menciona o original da culinária indonésia. *Pempek* é associado à culinária local da cidade de Palembang, porque é tipicamente proveniente de *Palembang. Gudeg* é um prato famoso da culinária local de *Yogyakarta*. O *Bika Ambon* e o pão de ló *Meranti* são conhecidos como uma recordação gastronómica de *Medan. Rendang* e *chips de mandioca balado* são uma lembrança culinária de *Padang*, na província de Sumatra Ocidental.

Estas culinárias locais são as amostras mais pequenas de um milhar de especialidades culinárias locais da Indonésia. Há três tipos de culinária local indonésia categorizados como a comida mais deliciosa do mundo: *Rendang, Nasi Goreng* (arroz frito) e *Sate* (satay). *O Rendang* e o *Nasi Goreng* (arroz frito) ocupam a primeira e a segunda posições, enquanto *o Sate* (satay) ocupa a décima quarta posição (*cnn.com, 2017*).

A seguinte culinária local indonésia é popular e idêntica a várias regiões ou cidades da Indonésia.

3.2.1 *Pempeк*

O Pempek é um petisco cujos ingredientes consistem numa mistura de peixe, cavala e farinha. É servido com um molho de vinagre ácido, acompanhado de massa amarela e pepino em fatias. Polvilhar com extrato de camarão seco pode dar um cheiro delicioso.

3.2.2 *Gudeg*

O Gudeg é classificado como um alimento vegetal. A sua matéria-prima principal é a jaca jovem cozinhada com açúcar mascavado de Java e ervas aromáticas e especiarias completas até ficar com uma textura acolchoada. *O Gudeg* é consumido com arroz, *OporAyam* ou *Telur Pindang* como acompanhamento.

3.2.3 *Bika Ambon*

O Bika Ambon é um petisco cuja textura é predominantemente macia. Os principais ingredientes do fabrico do Bika Ambon são o chão, o *tepung sagu* (chão de *sagu*) e os ovos de galinha adicionados por outros apêndices. *O Bika Ambon* é frequentemente utilizado como pão de ló de recordação da cidade de Medan.

3.2.4 *Rendang*

O Rendang é uma comida típica da Sumatra Ocidental que é popular em todo o mundo. O principal ingrediente do *Rendang* é o bife do lombo cozinhado com leite de coco, adicionado de ervas e temperos especiais da Indonésia. O processo de confeção do rendang requer muito tempo, demorando cerca de três a cinco horas a ser cozinhado numa pequena fogueira. É condicionado para que o tempero se possa fundir com a carne, produzindo assim uma textura suave.

3.2.5 *Kerupuk Balado Singkong* (mandioca balado cripes)

As cripes de mandioca Balado são classificadas como um petisco. O sabor pode dar uma sensação de picante e de cor vermelha. Os ingredientes principais são a mandioca cortada em formas longas ou curtas e finas. A mandioca é frita a seco e depois temperada com uma mistura de pimentão vermelho. As "Balado

Cassava Chips" são populares como lembrança da Sumatra Ocidental.

Todas estas cinco culinárias locais são muito populares entre os turistas nacionais e ocidentais. A partir de cinco amostras de culinária local apresentadas, é possível inovar a produção de banana como aperitivo.

3.3 Inovação do produto banana

A cidade de Metro Lampung tem um potencial de terra e a maior exposição de bananas. As bananas são temporariamente consumidas diretamente e metade é enviada para as várias cidades da ilha de Java. O elevado valor económico da banana permite que esta seja transformada noutros produtos.

Espera-se que esta culinária local maximize o potencial dos recursos locais enquanto apoio comunitário à economia local. A tradição herdada de um antepassado no processo da banana deve ser objeto de uma boa inovação e de estratégias de marketing. Se isso não for feito, pode ser influenciado por outro produto competitivo.

A banana é transformada em banana cripes com o seu pequeno valor económico nesta época. O processo de transformação da banana em cripes de banana é muito popular apenas na cidade de Metro Lampung. Para além das criptas de banana, ainda não foi produzida outra alternativa para além das criptas.

As competências dos recursos humanos são muito limitadas, pelo que não existe um produto variado, inovador e criativo da própria banana.

O potencial da plantação de bananas da cidade de Metro Lampung deve ser optimizado. A expetativa em relação ao potencial da cidade de Metro Lampung é criar um produto derivado da banana mais diversificado. Muitas variantes de produtos de banana criadas para a correlação a ser optimizada. No futuro, a banana pode ser um produto tipicamente diferente do que existe noutros locais. Através do produto inovador, a banana pode ser um ícone do turismo gastronómico na cidade de Metro

Lampung.

A variante deste produto é ajustada à capacidade dos recursos humanos e à indústria local de origem. A banana que serve de matéria prima nomeadamente este aglomerado em dois grupos nomeadamente, a utilização direta e indireta. Na transformação da banana que é servida ainda se utiliza a forma tradicional. A variante alternativa dos produtos transformados à base de banana recomendada é a seguinte: figura 2.2.

3.3.1 A utilização direta

A banana é utilizada diretamente como ingrediente principal no fabrico de outros produtos transformados.

a. Batatas fritas de banana *Sarang Tawon*

O produto das batatas fritas de pacote de banana Sarang Tawon apresenta uma caraterística única. A única que se assemelha a um waffle ou a uma colmeia. Inicialmente, eram oferecidas as três variantes: doce, salgada e simples. É oferecida uma nova variante: leite, baunilha, chocolate, queijo, churrasco e assim por diante.

O método de fabrico é bastante singular. Em primeiro lugar, a banana é cortada com uma impressão que se assemelha a uma vespa, seca durante vários dias para reduzir os níveis de água na banana. Depois é frita com areia já aquecida anteriormente. Para acelerar a produção a banana que foi cortada é assada a uma determinada temperatura até atingir os níveis de secura certos.

A fase final do processo consiste em dar o sabor. Para estarem prontas para venda, as batatas fritas de banana sarang tawon são embrulhadas de forma interessante. Espera-se que os produtos transformados à base de banana sejam uma lembrança típica da cidade de Metro Lampung.

b. O "Geprek" crocante de banana

O termo "Geprek" é muito popular na Indonésia. *Geprek* é uma nova metodologia em que uma banana fresca é prensada até ficar mais fina. Polvilha-se a banana mais fina com pão ralado. Em seguida, seca-se no óleo de aquecimento e depois dá-se a cobertura. A cobertura pode ser ajustada como arroz com leite e chocolate, queijo e leite, "Wijen", entre outros.

A banana estaladiça "Geprek" ainda não se tornou o maior aliado como a banana estaladiça *sarang tawon*, mas os autores acreditam que este produto pode ser proposto como um dos produtos superiores. Por isso, os produtos da cidade de Metro Lampung podem ser recomendados como lembrança típica.

3.3.2 A utilização indireta

A utilização indireta significa que o fruto da bananeira utilizado muda de forma ou de utilização. A condição de utilização direta transforma-se em farinha de banana. Esta farinha de banana pode substituir a farinha de trigo. O produto da farinha de banana pode ser utilizado em diversas variedades de derivados da banana. Alguns produtos que podem ser obtidos a partir da farinha de banana são os seguintes

a. Bolo de banana (*kue pisang*)

   Várias espécies de bolos de banana transformados, como (1) *pie pisang* (tarte de banana); (2) *getuk pisang* (gethuk de banana); (3) brownies *pisang* (brownies de banana); (4) *bolu pisang* (pão de ló de banana), e outros.

b. Biscoitos de banana (*biskuit pisang*)

   Os produtos transformados biscoito de banana, como (1) *rolo de ovo*; (2) batatas fritas de banana, e outros.

Os produtos mencionados anteriormente podem ser uma alternativa de produto superior para a cidade de Metro Lampung. Através da culinária local à base de frutos de banana, a banana pode desenvolver o turismo na cidade metropolitana. Estes produtos podem ter o valor de venda optimizado se puderem ser incluídos num pacote turístico. Para ser mais preciso, o tipo de pacote oferecido é uma compilação de turismo culinário com turismo gastronómico, utilizando o cultivo de bananas e produtos.

Quando a compilação do turismo culinário e do turismo gastronómico foi realizada com êxito e se tornou popular. É óbvio que isto teria de tornar popular a posição do Metro Lampung. Não só como cidade de trânsito, mas também como ícone do turismo gastronómico baseado na banana.

Os obstáculos à inovação dos produtos transformados à base de banana, se não forem melhorados, terão um impacto negativo no desempenho económico da cidade de Metro Lampung. Foram identificados quatro problemas, se estes obstáculos não forem ultrapassados. Em primeiro lugar, a falta de rendimento da comunidade devido ao conhecimento limitado da banana transformada. Parte-se do princípio de que, se houver muitas variantes dos produtos transformados de banana, isso será diretamente proporcional ao nível de pedidos, o que poderá levar a um aumento do rendimento.

Em segundo lugar, os produtos transformados de banana propostos para a cidade de Metro Lampung são típicos de outras regiões. Isto deve-se ao facto de as matérias-primas da banana serem muitas e facilmente encontradas em todo o território da Indonésia. Assim, a cidade metropolitana de Lampung, em especial, perderá a oportunidade de se afirmar como destino turístico gastronómico de banana. Como alternativa, propõe-se um ícone como a banana.

A terceira banana afectará a produção de bananas na cidade metropolitana. A consequência do desenvolvimento do turismo gastronómico com o ícone das bananas não pode ser concretizada. Em quarto lugar, não existe outra alternativa para o desenvolvimento de actividades económicas, porque, como já foi referido, as bananas são o principal produto agrícola na cidade de Lampung.

3.4 Marketing Mix

No marketing, há vários componentes importantes que devem ser considerados, tais como o produto, o preço, a promoção e a localização. No desenvolvimento do turismo gastronómico na cidade de Metro Lampung, identificam-se as seguintes componentes do marketing mix

3.4.1 Produto

Produto é um bem ou serviço que está a ser produzido e vendido pela empresa, um produto deve ter as caraterísticas únicas da sua excelência mais forte. O potencial da Metro City é aproveitado em Lampung no turismo gastronómico, não só para capitalizar o facto de as bananas serem um produto com maior valor acrescentado local, mas também para outros produtos diferentes que podem proporcionar valor acrescentado. Até à data, a banana transformada em chips é apenas o resultado do trabalho árduo, da criatividade e da iniciativa dos grupos de mulheres que cultivam a banana nas sombras do gabinete de agricultura, transformando-a numa diversidade de produtos transformados.

Até mesmo outras partes da bananeira, como a nervura central, as folhas e o caule, podem ser utilizadas indevidamente por irresponsáveis, transformando-se em artesanato. Os artesanatos feitos a partir de parte da bananeira são recipiente de tecido, bolsa como lembrança, caixa de lembrança e corda tricotada para garrafa de xarope como na figura 3.1. Todos os artesanatos feitos podem servir de lembrança e também de saco para embalar a lembrança da cidade de Metro Lampung.

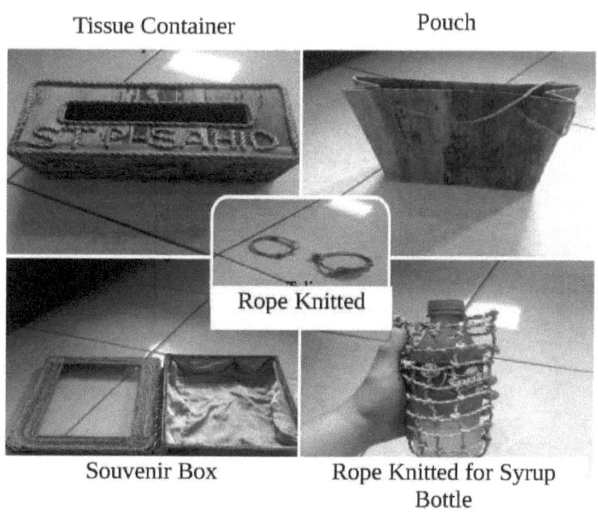

Figura 3.1 Artesanato feito com parte de bananeiras
Fonte: Derinta et.al., 2016

3.4.2 Localização

A localização é um local onde o produto ou serviço pode ser encontrado pelos consumidores, a determinação de um local estratégico capaz de aumentar a competitividade de uma empresa. O centro de recordações ou o centro de lojas de recordações é capaz de chegar ao objeto turístico onde é visitado por muitos turistas. O objeto turístico ainda não foi desenvolvido na cidade de Metro Lampung. Com base na identificação no terreno, existem duas grandes atracções turísticas.

O primeiro é *Taman Merdeka*, cuja localização é bastante estratégica no centro da cidade metropolitana de Lampung. A mesquita *Masjid Agung*, situada no parque ocidental de *Taman Merdeka*, é o símbolo da cidade metropolitana para os viajantes. Tal como a mesquita *Masjid Agung* em Java, está situada no lado oeste da praça da cidade. *O Taman Merdeka* funcionava frequentemente como parque urbano, facilitando a prática de desportos e o recreio das crianças.

A segunda é a *barragem de Raman*. Trata-se de uma barragem de água para irrigação. A barragem está situada na fronteira entre a cidade de Metro e a região de Middle Lampung, no subdistrito de Sritejokencono. A barragem, que é bastante larga, está quase toda coberta de jacintos de água. Ao longo do caminho para a barragem de Raman, há muitas árvores de grande porte com uma bela paisagem. A distância até à barragem de Raman é de ±10 km do centro da cidade metropolitana para norte. A barragem de Raman é um objeto turístico favorito dos visitantes para fotografia.

Estes dois objectos constituem o objetivo turístico adicional para o desenvolvimento do turismo culinário na cidade de Metro Lampung. A nova atração turística pode ser criada através da criação de uma nova atração turística. O problema pode ser levantado de acordo com a sabedoria local da cultura da comunidade local como uma ação real na defesa da sabedoria local da comunidade de Metro City.

3.4.3 Promoção

A promoção massiva é a forma de apresentar os produtos aos consumidores de forma alargada. Uma atividade de promoção boa e bem planeada é capaz de melhorar a capacidade de competir. A ação de promoção é feita através da combinação de um certo número de técnicas de promoção (promotion mix). Os elementos de uma promoção podem ser racionalizados para notificar, persuadir e alertar os consumidores sobre os produtos da empresa.

De acordo com Indrio Gitosudarmo et.al (2012), um instrumento que os fundos devem ser utilizados, pode ser escolhido de acordo com as necessidades. A publicidade, a promoção de vendas, a publicação e a venda pessoal são quatro elementos do mix de promoção. Várias campanhas de promoção são efectuadas pelo programa da indústria doméstica. Uma série de actividades de campanha são promovidas pelo programa da indústria doméstica realizado pela liga nacional da indústria doméstica em relação à atividade de ordem judicial para instalar uma placa informativa sobre a localização da liga nacional.

Outras actividades promocionais que podem ser feitas, introduzir os produtos de banana chips no evento ou através do bazar alimentar. Para a publicação de informações sobre as chips de banana, este produto foi abordado no blogue. Esta informação permite que as pessoas conheçam os produtos banana chips típicos de Metro City. Além disso, para uma reserva a compra pode ser feita com este meio de comunicação. Com facilidade a tecnologia ajuda os produtos regionais a serem conhecidos. Um exemplo é o blogue abaixo.

3.4.4 Mercado de consumo

Falar de marketing não é apenas falar da oferta, mas também da procura. O mercado de consumo é definido como o espaço de todos os compradores reais e potenciais. Os mercados de viajantes ou visitantes são os consumidores em formação referidos na declaração.

O mercado de consumo pode ser dividido em quatro segmentações, nomeadamente a segmentação geográfica, demográfica, psicográfica e comportamental. Com base no objetivo dos turistas culinários, foram colocados em dois tipos de turistas, que são (1) turistas urbanos em que a culinária não é o objetivo principal, (2) turistas culinários e gastronómicos em que os turistas vêm com a culinária como objetivo principal (Hall: 2003).

CAPÍTULO 4
ESTRATÉGIA DE DESENVOLVIMENTO DO TURISMO CULINÁRIO

No capítulo quatro, será explicada a estratégia de desenvolvimento do turismo culinário adequada para ser aplicada na cidade de Metro Lampung. Neste capítulo, os subcapítulos são apresentados em quatro pontos, que são (1) A estratégia de desenvolvimento do turismo culinário na cidade de Metro Lampung, (2) O potencial da banana culinária local baseada na cidade de Metro Lampung, (3) O modelo de desenvolvimento do turismo culinário na cidade de Metro Lampung, (4) Actividades de educação e capacitação da comunidade. Os quatro pontos serão descritos de forma pormenorizada e exaustiva.

São utilizados dois instrumentos de análise: 1) Análise SWOT; 2) Matriz TOWS. Ambas as análises serão explicadas no próximo parágrafo.

4.1 A Estratégia de Desenvolvimento do Turismo de Culinária Metro Cidade de Lampung

Este capítulo apresentará recomendações sobre a estratégia de desenvolvimento do turismo gastronómico na cidade de Metro Lampung, em especial a banana à base de snacks. A técnica de análise SWOT é utilizada para procurar a estratégia correta. A primeira forma de o fazer é identificar os factores internos e externos.

Estes dois pontos principais serão explicados no ponto 4.1 infra. Em primeiro lugar, a panorâmica da análise SWOT. Em segundo lugar, a panorâmica da matriz TOWS da banana culinária baseada no produto. Ambos os pontos descrevem os factores internos e externos em geral utilizando o formato da matriz TOWS através da análise do resumo da análise dos factores internos (IFAS) e do resumo da análise dos factores internos (EFAS).

4.1.1 A análise SWOT geral

Prevê-se que a análise SWOT seja um dispositivo ou instrumento que é normalmente utilizado para identificar alguns factores. Os factores são agrupados em dois, o fator interno e o fator externo. O fator interno é classificado em pontos fortes e fracos. As oportunidades e as ameaças fazem parte do fator externo. Ambos os factores serão analisados através da matriz TOWS (Rangkuti, 2005: 102).

Foram identificadas quatro alternativas que são produzidas utilizando os seguintes TOWS:

a. Estratégia S-O (força-oportunidade), tirando partido do poder que possui para aproveitar as oportunidades que tem.

b. Estratégia S-T (força-ameaça), adoptando a estratégia de força que possui para ultrapassar a ameaça que tem.

c. Estratégia W-O (fraqueza-oportunidade), tirando proveito da oportunidade que se tem ao superar a fraqueza que se tem.

d. Estratégia W-T (fraqueza-ameaça), minimizando as fraquezas e evitando o fio condutor que é ter.

O passo seguinte é o resultado da análise SWOT, que recomenda várias estratégias alternativas, sendo depois escolhida e aplicada a que melhor se adequa à situação e às condições. Esta componente SWOT pode ser utilizada posteriormente na matriz TOWS (Hunger e Wheelen, 2006: 144).

Quadro 4.1 Matriz TOWS do IFAS e do EFAS

INTERNAL FACTORS (IFAS) / EXTERNAL FACTORS (EFAS)	**Strengths (S)** List 5 – 10 ***internal strengths*** here	**Weaknesses (W)** List 5 – 10 ***internal weaknesses*** here
Opportunities (O) List 5 – 10 ***external opportunities*** here	**SO Strategies** Generate strategies here that use **strengths** to take **advantage** of **opportunities**	**WO Strategies** Generate strategies here that take **advantage** of **opportunities** by **overcoming weaknesses**
Threats (T) List 5 – 10 ***external threats*** here	**ST Strategies** Generate strategies here that use **strengths** to **avoid threats**	**WT Strategies** Generate strategies here that **minimize weaknesses and avoid threats**

Fonte: Hunger e Wheelen, 2006

O quadro 4.1 explica que o resumo da análise fatorial interna (IFAS) e o resumo da análise fatorial externa (EFAS) estão interligados. As IFAS e as EFAS devem ser identificadas através de uma lista de pontos fortes e fracos dos arquivos de psiquiatria geral. O mesmo deve ser feito com a hipótese e a ameaça. Em seguida, cada um é analisado através da comparação das quatro estratégias. A recomendação da comparação de quatro factores dará quatro alternativas estratégicas. Depois, de entre essas quatro alternativas estratégicas, escolher-se-á a mais adequada.

4.1.2 . A visão geral da matriz TOWS para produtos culinários à base de banana

A visão geral da matriz TOWS para a banana à base de produtos culinários está registada nos quadros 4.2 e 4.3. Ambos os quadros apresentam uma descrição do IFAS e do EFAS da seguinte forma.

Quadro 4.2 Matriz IFAS Produto à base de banana para fins culinários

Internal Environment	
Strength	*Weaknesses*
1. Location near the provincial capital city of Bandar Lampung 2. The second biggest city after Bandar Lampung. 3. Natural Sources is overflow specially banana. 4. Having a potential as Education city and culinary tourism. 5. Having infrastructure and open space public. 6. Widespread distribution of the district. 7. Recognized banana chips products inside and outside of Metro City. 8. The price of culinary product is actually achievable affordable. 9. The availability of the Halal food certification program.	1. Limited public transportation which has not reached whole municipalities Metro City. 2. There has been no tourist attraction interesting. 3. The weakness of regional tourism promotion. 4. The lack of human resources especially knowledge in processing banana in variate, innovate, and creative. 5. Low public participation in tourism. 6. Limited capital and investment. 7. Unattractive products packing. 8. The low usage technologies in ma nufacture.

Fonte: Derinta et.al., 2016

Quadro 4.3 Matriz EFAS Produto à base de banana para fins culinários

External Environment	
Opportunities	*Treats*
1. The determination of development autonomous region. 2. The infrastructure and facilities especially in tourism sector. 3. Target visiting 12 million tourists by the ministry of tourism in 2016. 4. The rising of Indonesian tourism promotion . 5. The creative growing of financial markets industry as the activator for tourism sector. 6. The support of local government 7. The development of technology and information. 8. The condition of a better economy	1. Indifference the younger generation with local culture. 2. The implementation of economic community ASEAN (MEA) 3. The unclear road map of tourism development for Metro Lampung City. 4. The gap of tourism development among town or district in the province of Lampung. 5. The weakness of government coordination against management and development of regional tourism. 6. The impact of plastic waste from culinary product 7. Invasion of foreign product 8. Shifting over the agronomy to be resident

Fonte: Derinta et.al., 2016

A estratégia alternativa de desenvolvimento do turismo culinário em Metro City é obtida através da análise SWOT. A matriz TOWS ilustra os factores estratégicos que são a força e a fraqueza e se tornam uma oportunidade e uma ameaça. A estratégia produzida combina S-O (Strengths-Opportunities), S-T (Strenghts-Threats), W-O (Weakness-Opportunities) e W-T (Weakness-Threats).

a. Estratégia S-0 (Pontos Fortes-Oportunidades)

A estratégia S-O é a estratégia de otimização da força através da utilização das oportunidades existentes. Uma estratégia para otimizar a força é responder às oportunidades existentes. Recomendamos uma estratégia alternativa de S-O, como a que se segue.

(1) Manter a imagem da culinária como produtora de bananas (produto impulsionador).

Um indicador de força e esta oportunidade estão em S3, S4, S6, S8, S9, dan O5, O8, O4. O Produto Pushing é a abordagem do desenvolvimento que se baseia nos valores de todo o potencial e nas caraterísticas, bem como na superioridade dos recursos da cidade de Metro Lampung. A exposição anterior descreveu o potencial detido pela Metro Lampung City. A análise da atividade de reflexão indica que os snacks de banana como produtos culinários e seus derivados se tornam o ícone da cidade de Metro Lampung.

(2) Serviço e conforto para criar a satisfação do cliente. Um indicador de força e esta oportunidade encontram-se em S3, S4, S6, S8, S9 e O5, O8, O4. A fim de criar satisfação e conforto para o cliente durante uma visita à cidade de Metro Lampung, é necessário melhorar a qualidade do serviço prestado ao consumidor. A excelência do serviço ao cliente é conhecida no sector do turismo, em que a venda de produtos culinários não se concentra apenas no produto, mas também na prestação de um serviço simpático e profissional aos turistas, desde o acolhimento até à despedida.

b. Estratégia S-T (Strength-Threats)

(1) Conceber a atividade de turismo agronómico, utilizando as infra-estruturas e os terrenos disponíveis. Um indicador de força e ameaças encontra-se em S3, S4, S5, e T8, T7. Com o lançamento da Metro City como uma cidade agropolitana, na qual existem muitos recursos naturais, como os sectores da agricultura e das plantações, os recursos naturais poderiam preencher as actividades do programa de agroturismo para analisar as actividades de processamento de alimentos, desde a matéria-prima até aos

alimentos prontos a consumir. As bananas, como principal produto, são o alimento típico da cidade de Metro Lampung. A gestão dos objectos de turismo para o agroturismo poderia dar um valor adicional. Assim, os turistas não só consomem os alimentos, mas também recebem a experiência económica. A aprendizagem das actividades diárias realizadas pela sociedade local é uma das formas de apreciar a cultura local.

(2) É manter os assuntos institucionais e a integração através da aplicação de requisitos e regulamentos de gestão e licenciamento impostos de forma sinérgica. Um indicador da força e das ameaças encontra-se em S3, S4 dan T2,T3, T8. A instituição e a gestão são um apoio à gestão e integração dos assuntos institucionais através da aplicação de requisitos de gestão e de licenciamento e de regulamentos impostos de forma sinérgica. Neste caso, o apoio a um grupo de mulheres agricultoras, ao coordenador da equipa PKK, bem como à formação de UKM, foi criado pelo departamento de agricultura e pelo departamento de turismo. A forma de apoio foi o aconselhamento, a assistência, a formação técnica e os facilitadores, com a participação do governo e das partes interessadas no turismo local, a fim de alcançar a qualidade e uma gestão qualificada da hospitalidade. A cidade metropolitana pode facilitar eventos de alta qualidade para melhorar a competitividade e as competências de um grupo de mulheres agricultoras, coordenadoras de equipa do PKK e formação UKM.

c. Estratégia W-O (Weakness-Opportunities)

(1) Aumentar a participação da comunidade através da capacitação da comunidade.

O indicador de fraqueza e oportunidades encontra-se em W4, W5, dan O6, O1. O potencial do turismo gastronómico pode expandir-se com o apoio da participação ativa da sociedade, o que se designa popularmente por empowerment comunitário. O envolvimento do papel de uma comunidade móvel como proprietária de uma culinária local incentivou o crescimento de um sentimento de propriedade (auto-pertença) e amou a culinária local típica da cidade de Metro Lampung como a herança dos pais que precisa de ser preservada. Através do grupo de mulheres agricultoras, o coordenador da equipa do PKK, a formação UKM da BUMN (empresa estatal indonésia) faz com que a culinária local cresça e passe a ser uma forma melhor de melhorar o estatuto económico dos membros da comunidade da cidade de Metro Lampung.

(2) A utilização dos meios de comunicação da Internet para maximizar a promoção e a informação.

Um indicador de força e oportunidades está em W2, W3, dan O4, O3, O7. Nesta altura, a informação e a tecnologia desenvolveram-se rapidamente. A presença dos meios de comunicação social na Internet facilita a transmissão de informações e a promoção a uma multidão de pessoas. Hoje em dia, a informação e a promoção do turismo culinário na região metropolitana de Lampung continuam a ser realizadas por indivíduos, mas ainda não estão totalmente desenvolvidas neste meio de comunicação estratégico por micro, pequenas e médias empresas (UMKM), grupos de mulheres agricultoras e a equipa coordenadora do PKK.

(3) Incentivo ao investimento (políticas relativas aos destinos turísticos culinários).

Os indicadores de fraqueza e de oportunidades encontram-se em W6, W7, W8 e 06, 02. Incentivo ao investimento O governo e os sectores privados dão apoio de capital a grupos de mulheres agricultoras, o coordenador da equipa do PKK, macro pequenas e médias empresas (UMKM), sob a jurisdição do capital empresarial e das infra-estruturas e promoção. Até à data, o capital é o principal obstáculo para as indústrias nacionais, mas a ajuda de capital de muitas partes dá um novo vigor ao desenvolvimento da culinária local, a fim de a manter popular. As ajudas de capital foram obtidas junto de cooperativas de crédito e poupança, bancos de crédito para pequenos agricultores (BPR=Bank *Prekreditan Rakyat*), bancos locais e bancos estatais que concederam empréstimos bonificados.

d. Estratégia W-T (Fraqueza-Ameaças)

(1) Trabalhar em conjunto com investidores para apoiar o desenvolvimento do turismo culinário e da agronomia.

Um indicador de fraqueza e ameaças encontra-se em W1, W2, W8 e T4, T5. A presença de investidores para desenvolver o turismo é uma das coisas mais importantes. Neste caso, os investidores podem ajudar a cidade metropolitana a desenvolver a culinária de bananas da indústria turística doméstica, que é feita por meio de tecnologia que pode dar eficácia e eficiência. Além disso, os investidores podem ajudar o metro a reparar os transportes públicos e outras infra-estruturas.

(2) Melhorar as actividades de preservação da educação relacionadas com a cultura local.

Os indicadores de fraqueza e ameaças encontram-se em W2, W5, e Tl, T7. A cidade de Metro Lampung pode realizar actividades educativas para as pessoas, transmitindo-lhes o amor pela cultura local. Com o progresso da culinária e a invasão da indústria de produtos estrangeiros, o prémio ameaçará os produtos locais. As actividades que podem ser realizadas são a elevação da merenda local a identidade de desenvolvimento da comunidade. As actividades que podem ser realizadas são, por exemplo, a celebração de um evento anual. O festival que tem sido realizado é o "Festival Senja" (Festival Crepúsculo). O festival é realizado durante o mês do Ramadão, onde o público vende comida e petiscos típicos da cidade metropolitana.

4.2 Banana alimentar local potencial como ícone turístico culinário da cidade metropolitana de Lampung.

A tendência de um estilo de vida que incentiva o desenvolvimento da atividade de turismo culinário não é apenas a vida pública normal. A cidade de Metro Lampung, objeto desta investigação, tem potencial para se transformar num novo destino de turismo culinário. Com base nas observações efectuadas, do ponto de vista da (oferta) em geral, existe algum tipo de turismo culinário na cidade de Metro Lampung. A partir da identificação acima, pode ser classificado da seguinte forma

Tabela 4.4 Variedade de actividades turísticas Culinária Metro Lampung City

Facility	Event	Activity	Organization
(1)	**(2)**	**(3)**	**(4)**
Processing chips banana	The Twilight of Ramadhan	Cooking Competition at The National Level	Halal Food Certification
Traditional Market	Car Free Day and Weekly Food Bazaar	Harvest Activities	A group of Women Farm (KWT) and PKK
Souvenir Store "Nuwo Intan"		Culinary at typical restaurant	Local Department of Tourism
Typical Restaurant		Agrowisata Activity	Department of Agriculture

Fonte: Adotado de Smith & Xiao (2008:290)

O quadro 4.4 tenta descrever algumas actividades de turismo culinário que foram realizadas. Este quadro adopta a categoria de tipo de turismo de comida e bebida referenciada por Smith & Xiao (2008: 290). Este quadro é uma realidade muito simples. Esta condição é um embrião que pode crescer com o apoio das partes interessadas.

Uma nova perspetiva que é diferente é oferecida aos turistas ou viajantes e dá uma visão dessas experiências. Um exemplo desta experiência é apresentado no quadro 4.4, onde o turismo culinário pode ser dividido em quatro grupos: (1) instalações; (2) evento; (3) atividade/atividades; (4) organização. Estes grupos podem combinar-se entre si.

Vários locais e culinárias regionais podem ser integrados num conceito. Por exemplo, Jl Jend Sudirman, Jl Ahmad Yani e os arredores de *Taman Merdeka* (Taman Merdeka) ou o parque central integrado com objectos turísticos de agroturismo (a plantação de bananas). As terceiras zonas mencionadas tornaram-se o ponto de encontro dos habitantes da cidade metropolitana, especialmente ao fim de semana. São servidas muitas variedades da gastronomia local desde os aperitivos, passando pela refeição principal, até à sobremesa.

Na Indonésia, não é comum classificar os três tipos de alimentos. Normalmente, os tipos de alimentos indonésios são conhecidos como snacks e refeições pesadas. O carácter específico da classificação dos alimentos: se as refeições pesadas são um pacote completo, que inclui o alimento básico (arroz), o acompanhamento e os legumes. O pacote completo é conhecido como o conceito de "Empat Sehat Lima Sempurna", que significa literalmente 4 alimentos saudáveis e 5 alimentos perfeitos, e será explicado na figura 4.1.

Figura 4.1 Conceito de "Empat Sehat Lima Sempurna

Fonte: https://www.samishare.com

O conceito explica que os alimentos são divididos com base na importância da nutrição. O arroz representa os hidratos de carbono e o peixe e a carne representam as calorias. As proteínas e as vitaminas são representadas pelas frutas e legumes. O "leite" torna o programa de nutrição "perfeito". Os primeiros 4 alimentos saudáveis são considerados como energia, enquanto os 5 perfeitos são proteínas que formam novas células. Este conceito tem sido um guia de menu diário utilizado habitualmente pelas pessoas na Indonésia.

A comida pesada completa é apresentada como cabrito grelhado, gulai de cabrito, almôndega de carne úrica, peixe pindang, pempek, arroz grelhado, peixe Gulai Pindang, Seruit e muito mais. Todas estas propostas culinárias não podem representar a comida típica da cidade de Metro Lampung, mas pelo menos podem ser uma forma de as partes interessadas desenvolverem o turismo culinário na cidade de Metro. Para além disso, a título experimental, tentar-se-á descobrir a resposta dos turistas.

Os aperitivos não são consumidos juntamente com o arroz. Estes alimentos são consumidos em momentos de lazer e em reuniões familiares, de amigos ou de colegas, normalmente ao fim da tarde ou de manhã, ao pequeno-almoço. Algumas amostras de aperitivos, especialmente na cidade de Metro Lampung, são como os bolos tradicionais e os bolos tradicionais que foram modificados.

Figura 4.2 Loja do centro de recordações de Banana Foster

Fonte: https://lampungbananafoster.com/gallery

A figura 4.2 é um exemplo de um snack chamado "Banana Sponge Cake" à venda na Banana Foster. Loja de recordações situada em Jl. Jenderal Sudirman, Imopuro, Metro Pusat, Kota Metro Lampung. O "Pão de ló de banana" está pronto para oito variantes de sabor, como Foster Nuttela, Foster Premium Black, Foster Molten Banana, Foster Cheese, Foster Caramelized, Foster Premium Pandan, Foster Peanut e Foster Chocolate (lampungbananafoster.com, 2018).

O "Pão de ló de banana" é bastante popular oferecido pela Banana Foster e tornou-se uma lembrança para turistas e viajantes. Este produto é o resultado de "Glokalisasi" (Global dan Local) como uma modificação e adaptação do produto local. O termo "Glokalisasi" é adequado para o produto "pão de ló de banana", que atualmente começou a ser conhecido como uma lembrança típica da cidade metropolitana, para além das batatas fritas de banana *Sarang Tawon*.

As *Kemplang* são bolachas classificadas como aperitivos. Este produto pode ser encontrado na zona costeira de Sumatera, como Jambi, Bangka Belitung e Palembang. A diferença reside nos ingredientes principais: em Palembang utiliza-se peixe *tenggiri*, mas em Metro City utiliza-se peixe *belida*. Alguns exemplos de outros produtos são descritos na figura 4.3 abaixo.

A explicação que se segue foi dada a propósito dos aperitivos típicos de Lampung, como se segue.

a. *Bolu Pisang* (Pão de ló de banana)

Salgadinhos feitos de uma mistura de farinha e farinha de banana. Tem um sabor suave e doce. É castanho dourado, com coberturas variadas como castanhas, queijo, nozes, entre outras.

b. *Kerupuk Kemplang Panggang* (bolachas kemplang cozidas) Os aperitivos são feitos de farinha de tapioca misturada com peixe (*tenggiri*, *belida* ou uma espécie de cavala) adicionado de especiarias. Os ingredientes são misturados até ficarem baços e, em seguida, moldados num pequeno círculo de 5 polegadas de diâmetro. Seca-se até secar e depois vai ao forno. O sabor deste produto é dominado pelo sal salgado.

c. *Pempek*

A comida é feita de uma mistura de carne, peixe e farinha de tapioca (*kanji*), adicionada de outros ingredientes como ovos, alho e especiarias. É cozido e depois, antes de ser servido, é frito até ficar dourado. O Pempek é servido com vinagre de molho, massa e pepino em fatias.

d. *Lempok Durian*

O *lempok* é um tipo de *dodol* cujo ingrediente principal é o fruto do durião e a farinha glutinosa. Tem um sabor doce e um aroma forte a durião. O sabor doce é obtido a partir de uma mistura de açúcar de palma que também confere a cor castanha a este *lempok*.

e. *Keripik Pisang Sarang Tawon*

As batatas fritas de banana são feitas de banana cortada em fatias finas, ou que se assemelham a um ninho de vespas. As bananas já cortadas não podem ser imediatamente fritas porque ainda contêm um elevado teor de água. A redução do teor de humidade das bananas pode ser feita por secagem natural ou mecânica.

Secagem em aturan dnne com secagem em sol direto durante a noite (secagem ao sol). A secagem mecânica utiliza o vácuo de engenharia. O processo de secagem da banana tem como objetivo reduzir os microrganismos e as bactérias destruidoras de insectos. Após este processo, a banana é frita com hnt nin e em seguida ganha um sabor adocicado, santo, mar morto, nriginan, mas hoje em dia, ela tem muitas chnices nf nariant fnannr e mnre nariatinn.

Figura 4.3 Classificação dos snacks no Metro Lampung City

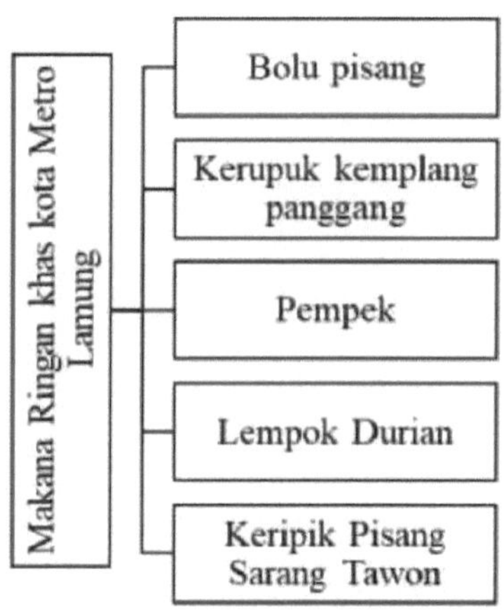

Sumber: Derinta et.al., 2016

Figura 4.4 Tipo de snack de banana

Fonte: Derinta et.al, 2016.

A Figura 4.4 é um resumo de várias amostras de snacks de Lampung como uma lembrança típica. Após a explicação de alguns produtos culinários típicos da Metro City local, são descritas outras actividades relacionadas com o conceito de "experiência económica". A fusão/actividades numa atividade conhecida como turismo culinário (quadro 4.3). Não se trata apenas de turistas convidados para o turismo gastronómico, mas também para ver a confeção de um snack local feito de bananas e para o comprar. O turismo gastronómico criado poderia adotar as actividades de turismo gastronómico "excursão à plantação de café luwak" em Kintamani Bali.

A visita planeada envolve várias partes: os produtores de bananas, os artesãos de bananas transformadas, os comerciantes de produtos culinários e os lojistas de recordações. Recomendam-se as seguintes quatro rotas de turismo gastronómico: (1) visita a uma plantação de bananas, (2) visita a uma fábrica de bananas transformadas (indústria caseira), (3) visita a uma loja de recordações, (4) participação num evento/festival/bazar gastronómico.

Numa visita a uma plantação de bananas, há várias actividades que podem ser realizadas. A atividade de caminhada até ao local de plantação ou de cultivo de bananas procura fornecer uma informação explicativa sobre (1) dar aos turistas conhecimentos sobre a diversidade de espécies de bananeiras e a filosofia das bananeiras; (2) o modo de cultivo das bananeiras; (3) o modo de colheita da banana, (4) uma função/vantagem da bananeira e do fruto da banana; etc.

A banana transformada em demonstração transforma-se em várias partes de outros produtos até ao processo de embalagem. É uma das actividades que se realiza quando se visita a indústria nacional. Não é raro que os turistas tenham estado diretamente envolvidos nestas actividades. Esta situação cria uma grande oportunidade para um grande negócio. Os produtos de banana refinados de "Sarang Tawon" são produtos de alta qualidade da cidade de Metro Lampung. A forma como estes produtos são transformados a partir desta qualidade superior será explicada em pontos específicos.

Esta demonstração tem 6 passos para fazer "sarang tawon' banana chps". Em primeiro lugar, começa-se com a preparação e escolhe-se uma matéria-prima que é uma banana de meio calibre. Em segundo lugar, descasca-se e depois marina-se em água salgada para que as bananas não fiquem insípidas. Em terceiro lugar, deixa-se de molho durante alguns minutos e depois escorre-se. Em quarto lugar, estão prontas para moldar o "Sarang Tawon". O quinto é fritá-las em óleo quente. O último é aromatizado com vanila, queijo, chocolate, açúcar, original, e outros sabores. A embalagem das batatas fritas de banana "sarang tawon" é tão simples, apenas coberta com plásticos rotulados. O rótulo é colorido com base na variante do sabor produzido.

Actividades como o "Festival Senja" (festival de fim de tarde), que se realiza no mês de jejum (*bulan ramadhan*), o dia sem carros e o bazar gastronómico constituem uma oportunidade para promover e vender refeições especiais da cidade de Metro Lampung. A atividade de agroturismo pode ser apreciada pelos turistas. Mas este evento ainda não foi identificado como um pacote turístico ou uma atividade turística que acentue o potencial do agroturismo na cidade de Metro Lampung. É possível encontrar facilmente na cidade alguns restaurantes que vendem refeições especiais da região metropolitana de Lampung.

Existe uma organização de apoio ao turismo culinário na cidade de Lampung. As fichas comerciais de banana *sarang tawon* são geridas pela KWT Tunas. Todos os produtos transformados de banana são produzidos com o certificado "Halal". A cidade metropolitana de Lampung foi palco de uma série de actividades de turismo culinário. Estas actividades permitem que o governo continue a investigar outras actividades turísticas de carácter culinário na área de uma cidade metropolitana. Outras actividades, designadas por actividades de aprendizagem, são a transformação da banana-da-terra do processo de plantação em produtos acabados. A festa da colheita e a competição utilizam uma banana crua, entre outras.

A criação da central de recordações "Nuwo Intan", mais próxima de *Taman Merdeka* desde 2016, proporciona um local para os grupos de mulheres agricultoras (KWT) e as micro, pequenas e médias empresas (UMKM) promoverem os produtos culinários da cidade de Lampung. Pode dizer-se que o estabelecimento da Central de Lembranças "Nuwo Intan" foi atribuído à UMKM sob a supervisão do governo regional local.

A central de lembranças tem espaço interior e exterior. No interior, há vários tipos de refeições especiais da Metro City. Batatas fritas de banana, abon (fio dental), sambal (molho de chili), café e outros são alguns exemplos de petiscos vendidos na central de recordações "Nuwo Intan". O artesanato é um dos pilares deste centro pecuário, nomeadamente o Batik feito à mão em Lampung, o capacho e o saco de cesto.

O espaço exterior pode acomodar ±20 lojas de produtos não permanentes que funcionam como restaurante e café na cidade e ainda são relativamente simples. O restaurante e o café são instalações adicionais preparadas para os turistas que visitam este local de recordações. Aqui se vendem vários produtos da culinária local, desde comida pesada a petiscos.

4.3 Modelo de desenvolvimento do turismo gastronómico na cidade de Metro Lampung City

O objetivo deste artigo é explicar duas questões relacionadas com os obstáculos e o potencial de desenvolvimento do turismo culinário, especialmente na cidade de Metro Lampung. O primeiro ponto descreve os factores que constituem obstáculos ao desenvolvimento do turismo culinário. O segundo ponto explica a culinária local como uma atração turística digna da cidade de Metro Lampung.

O modelo de desenvolvimento do turismo culinário na cidade metropolitana de Lampung é adequado, tal como se apresenta na figura 4.5. A conclusão é que a participação e o apoio das partes interessadas são necessários para desenvolver a área da culinária. A conclusão é referida sobre a sondagem de algumas partes relacionadas.

O governo regional, a aldeia oficial, o grupo comunitário, o empresário, as instituições financeiras e as agências parceiras são as partes relevantes. A Figura 4.5 mostra que o turismo culinário pode ser realizado quando os oito componentes interagem entre si.

Figura 4.5 Modelo de desenvolvimento do turismo culinário na cidade de Metro Lampung
Fonte: Derinta et.al., 2016

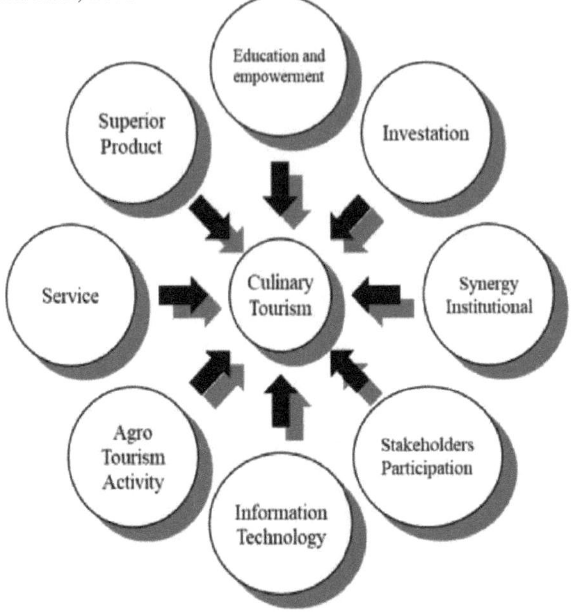

4.3.1 Os factores que impedem o desenvolvimento da identificação

Na cidade de Lampung, na região metropolitana, há grupos de mulheres agricultoras que produzem banana transformada e seus derivados, como banana frita com várias variantes, rolo de ovo, farinha de banana, xarope, bolo de banana, biscoitos de banana, batatas fritas de pacote e muitos outros. Todos estes produtos são produzidos em grande escala, de modo que o resultado da produção se acumula num celeiro.

Atualmente, tem oferecido uma variedade de produtos culinários à base de banana, tais como produtos de recordação típicos da cidade metropolitana. Pode concluir-se que os grupos de mulheres agricultoras (KWT) têm um papel ativo no desenvolvimento dos produtos culinários locais na cidade de Metro Lampung. O papel ativo dos grupos de mulheres agricultoras (KWT) é assegurado pela orientação e pelo aconselhamento do Departamento de Agricultura e do Departamento de Turismo da cidade de Metro Lampung.

O turismo culinário baseado na banana como ícone da cidade de Metro Lampung ainda está a ser desenvolvido. A identificação de quatro obstáculos principais no processo de desenvolvimento dos produtos transformados à base de banana é a seguinte

(1) O snack à base de banana é muito vendido por pequenas e médias empresas.

(2) *As embalagens de* snacks ainda não são interessantes (*não há eye caching*).

(3) Processamento de chips de banana com uma forma única de "ninho de vespa" (waffle) ainda não tem patente, pelo que este produto à base de banana é frequentemente reivindicado e adotado por outras partes.

(4) É difícil fazer promoção de produtos fora da cidade de Metro Lampung.

As partes interessadas devem prestar especial atenção ao principal obstáculo. Além disso, é necessária toda a informação de campo de várias partes relacionadas. A informação de campo foi recolhida através de discussões de grupo de foco (FGD). A Tabela 4.5 apresenta um resumo das actividades de FGD realizadas por instituição relacionada.

Em primeiro lugar, o governo local de Lampung, como o departamento de agricultura e o departamento de turismo. Em segundo lugar, o grupo das comunidades, representado pelo diretor do PKK e pelo diretor do KWT. O quadro 4.3 é o resultado das actividades de discussão em grupo de foco (FGD), especialmente para socializar as actividades de desenvolvimento do turismo culinário na cidade de Metro Lampung.

Quadro 4.5 Acordo das partes interessadas

No.	The Result of Focus Group Discussion (FGD)
1	Handicrafts stem from natural resources of Lampung. This can be done by potters local with a manifestation of cultural lowered into the handicrafts hand.
2	Variation or diversifying local derivative snack souvenir products can be learned by doing knowledge transfer from various agencies whether private or the government to the local people (home industry).
3	Snack outlets sale local product need planned well and mature from the selection and determining the location, building shape, function and maintaining.
4	Need to create an interesting activity for attracting more tourists to visit Metro Lampung city and take advantage of the using of culinary product based banana more optimized.

Para ultrapassar os constrangimentos, foram referidos por alguns conselhos sobre o desenvolvimento de produtos culinários à base de banana. Quanto aos conselhos fornecidos através de discussões de grupo de foco (FGD) pelas partes interessadas em um produto crescente, como segue.

Quadro 4.6 Recomendação da discussão em grupo de foco (FGD)

No.	**Recommendation *of Focus Group Discussion* (FGD)**
1	Need to increase the skill of the people particularly KWT *(home industry)* in producing culinary product based banana and its derivatives so that the quality of the product, appearance, and diversified products can be done.
2	To increase the number of tourists to visit Metro Lampung City can do with creating products agro tourism and developing the center for food featuring natural beauty and industry culinary. In this case is hoped, there will be investors willing to cooperate in tourism management.
3	In obtaining a patent, local needs to the public to register their produce to the authorized agency in this case is The Ministry of Law for Human Rights of The Republic of Indonesia (*Kemenkumham Republik Indonesia*).
4	Promotion to improve culinary tourism Metro Lampung City is done through some events or bazaar, in order to be in keeping maintained and increased.

A fim de obter resultados válidos em todo o agregado familiar, a amostra é constituída por 30 inquiridos que visitam *Taman Merdeka*. Nas entrevistas com estes inquiridos, é utilizada a técnica do método de amostragem acidental. A utilização do método de amostragem acidental tem por objetivo conhecer a perspetiva da comunidade sobre o desenvolvimento do turismo culinário à base de bananas na cidade de Metro Lampung.

As aspirações positivas destas comunidades podem ser uma sugestão para que as autoridades locais consertem os produtos de embalagem. Isto indica que o governo quer que os habitantes locais participem ativamente na construção da cidade. O quadro 4.7 apresenta uma panorâmica do perfil dos 30 inquiridos enquanto visitantes de *Taman Merdeka*.

Quadro 4.7 Perfil dos inquiridos dos visitantes de Taman Medeka

No	Criteria		Total	%
1	Gender	Man	6	20
		Women	24	80
2	Marital Status	Married	9	30
		Unmarried	21	70
3	Age	0-18 years old	6	20
		19-25 years old	13	43
		26-35 years old	5	17
		>35 years old	6	20
4	Occupation	Students / College Students	14	47
		Public Servant	3	10
		Private Employee	5	17
		Professional	2	6
		Entrepreneur	6	20
5	Education Level	Junior High School	2	7
		High School	14	47
		Diploma	4	13
		Undergraduate / bachelor	9	30
		Postgraduate	1	3
6	Domicile	Metro Lampung	16	53
		Lampung West/East/South/Center	8	27
			-	-
		Others	6	20

Com base nos resultados do questionário, o quadro 4.5 apresenta uma panorâmica do perfil do número de inquiridos que visitaram a zona de *Taman Merdeka*. Os milhares de visitantes eram predominantemente jovens, na faixa etária dos 19 aos 25 anos. Um emprego como aprendiz ou estudante universitário com formação no ensino secundário (SMA=Sekolah *Menengah Atas*). A maioria dos visitantes reside na cidade de Metro Lampung e nas zonas circundantes

O Taman Merdeka é um local de reunião frequentemente utilizado como local de recreio. Em média, os visitantes que vieram ao local disseram que o visitaram mais de uma vez por mês. Há dois pontos importantes que devem ser registados: o arranjo da zona de *Taman Merdeka*, que é um equipamento público, e os vendedores ambulantes. São dois pontos que precisam de ser reordenados.

Em relação à pergunta sobre o turismo gastronómico, a maioria dos inquiridos era um tipo de turista urbano. O principal objetivo dos viajantes é o lazer. Desfrutar de delícias culinárias típicas de uma zona local não é o objetivo principal. A maioria dos turistas conhece bem a refeição típica popular da cidade metropolitana.

A conclusão a que se chegou é que as pessoas de Metro City estão conscientes da existência das batatas fritas de banana "Sarang tawon". O produto das batatas fritas "sarang tawon" tem potencial para ser desenvolvido como um snack culinário típico de Metro City. Especialmente quando o snack culinário pode ser proposto como ícone do turismo culinário para a cidade de Metro Lampung.

O aumento das visitas da comunidade a *Taman Merdeka* prova que a utilização desta zona é óptima. A aprendizagem da sociedade em matéria de limpeza e conforto deve ser melhorada. Os vendedores ambulantes utilizam o espaço aberto desta zona para vender mercadorias. A ansiedade da comunidade em relação à presença dos vendedores ambulantes teria um impacto na desarrumação desta zona.

4.3.2 Culinária local como atração turística Metro Lampung City

A atividade turística culinária não pode ser separada da atividade turística propriamente dita, que é uma permanência no lugar de outrem fora da habitação fixa.

O turismo gastronómico está sempre ligado à memória porque se funde com as necessidades do físico, pelo que comer é uma parte dominante em qualquer atividade turística. As actividades turísticas culinárias também são definidas como uma forma de desfrutar da cultura local.

A classificação das actividades turísticas em programas gerais, tais como banquetes, festival gourmet, estudos alimentares, comida de prova foi definitivamente, uma visita à indústria alimentar, ver os eventos culinários e uma visita à quinta enquanto desfruta de uma comida típica local. Resta dizer que o principal objetivo da atividade do turismo gastronómico é apreciar o sabor e a experiência. Para a viabilidade da comida local ser algo que é intangível e se tornar a atenção. Para a viabilidade de tais alimentos como a elegibilidade de então feito em matérias-primas, para a viabilidade de processamento, a limpeza e higiene da aparência dos alimentos, e viabilidade da embalagem em ordem.Esta tendência também se tornou fatores que não podem ser ignorados.

Referir o que é entregue pelo diretor da conceção de destinos turísticos e investimento do turismo identificou vários factores muito importantes que se tornam consideração no desenvolvimento do turismo culinário pode ser revisto de cinco aspectos, como o que foi entregue, nomeadamente 1) o valor do ambiente, 2) um papel ativo do governo, 3) o valor do negócio, 4) viabilidade culinária local, e 5) produtos e embalagens o valor do evento. O parágrafo seguinte descreve em pormenor os cinco factores.

Os primeiros requisitos ambientais são a utilização dos recursos locais sem danificar o ambiente para a utilização e o desenvolvimento para manter o valor do conhecimento local. O estímulo à melhoria da economia e do nível de vida da comunidade e a apresentação de uma filosofia e valores culturais da culinária local fazem parte do mérito referido ao meio ambiente. O segundo fator é o papel ativo do governo, que se concentra em vários pontos, como o licenciamento das empresas, a autorização da produção, as infra-estruturas, a capacitação das instituições relacionadas e o controlo e a promoção. Um papel ativo é exigido pela indústria doméstica que existe no Metro Lampung.

As necessidades das empresas são consideradas como o terceiro fator em termos de recursos humanos, produção, empreendedorismo local e capitalização. A indústria doméstica ainda não optimizou um certo número de pontos, que são poucos, mas com o aconselhamento, a assistência e a extensão do departamento de agricultura, todos estes factores deixarão de ser um obstáculo. Uma solução de capitalização limitada é tratada pela entrada de crédito para microempresas oferecido por vários bancos estatais e bancos residentes com uma taxa de juro relativamente baixa.

A viabilidade da culinária local é o quarto aspeto mais importante da qualidade dos aperitivos locais, das caraterísticas dos aperitivos locais, da limpeza e da segurança alimentar. A elegibilidade é entendida aqui no sentido mais lato, ou seja, os petiscos em geral podem ser transformados em novos produtos e num ícone típico de uma região.

É necessário ter em conta a viabilidade dos produtos de embalagem e o evento, os snacks de banana e os alimentos transformados são comuns em qualquer lugar, mas com criatividade os produtos transformados de banana podem ser produtos superiores para a cidade metropolitana. Analisar os aspectos de uma embalagem única que utiliza um material de caule de bananeira, que proporciona um valor acrescentado, como na figura 4.1. O envolvimento da indústria caseira em festivais da cultura local, como o Festival de Krakatau em Bandar Lampung, o Festival de Way Kambas em East Lampung ou o Festival de Sekura, que se realiza durante uma semana após Idul Fitri (Idul Fitri - Celebração de Moeslem) em West Lampung.

Os festivais podem tornar-se uma oportunidade para promover os snacks de produtos transformados de banana como um ícone de uma cidade metropolitana. Para além disso, o envolvimento da indústria caseira no festival gastronómico contribuiu para a sua realização através do papel dos grupos de mulheres agricultoras (KWT=kelompok *wanita tani*) e PKK no meio urbano local e nacional. Algumas das realizações obtidas com base nas informações recolhidas, entre outras, são o festival nacional de gastronomia (APN) em 2014, o vencedor nacional da província de Lampung nos prémios Metro 2012 e, ainda no mesmo ano, o primeiro vencedor do concurso alimentar e dos prémios do mercado tradicional pela utilização de produtos sem trigo e sem arroz. A existência de uma indústria caseira, iniciada por grupos de mulheres agricultoras e pelo PKK, é uma prova real de uma façanha que tinha sido agarrada. Assim, a exposição aos factores que devem ser considerados para que os snacks locais sejam uma atração turística digna, especialmente na cidade de Metro Lampung.

A região metropolitana de Lampung tem potencialidades para desenvolver ao máximo os seus recursos naturais, que são abundantes em produtos agrícolas como a banana. O papel do turismo consiste em organizar os recursos naturais abundantes e a eletricidade, bem como a cortesia dos recursos humanos necessários, para dar um valor especial e um melhor direito de recuperação dos recursos naturais existentes. Se todos os factores acima mencionados forem implementados, o turismo culinário na cidade de Lampung será mais desenvolvido.

4.4 . Actividades de educação e capacitação da comunidade

Depois de identificadas as potencialidades e os problemas do desenvolvimento do turismo culinário baseado na banana, através de estudos sobre a situação atual, a esperança da comunidade e o governo regional sobre a formação necessária, através de uma discussão de grupo de foco (FGD), foi feito um programa de formação, que é uma parte do modelo de desenvolvimento do turismo culinário.

Os investigadores realizaram a implementação de um programa de formação relevante utilizando o método de aprendizagem centrada no estudante (SCL). A aprendizagem com os métodos de aprendizagem centrada no aluno tem como modelo a diversidade de aprendizagem que exige a participação ativa dos participantes. Os métodos são:

(a) Partilha de informações através de sondagens, cooperativas, colaborativas, discussões em grupo, painéis de discussão, simpósios e seminários.
(b) Aprenderam com essa experiência através de uma simulação, de uma

demonstração e de uma base comum estabelecida em grupo.

Este caso em particular é um ensaio de fabrico de xarope e *dodol*, em que a banana é a principal matéria-prima do fruto. Para além do fruto, é também discutido no fórum que outras variedades de componentes da banana, como a pele e os caules, podem ser utilizadas como tendo o valor do produto. A fim de poder fornecer mais valores (valor acrescentado) da banana-da-terra como produto de base. A outra parte da banana pode ser transformada em aperitivos ou resultar em artesanato a partir de um caule de banana.

Para que as actividades de formação possam ser eficazes, é necessário o envolvimento e a participação das partes interessadas. As partes interessadas fornecem a socialização numa fase inicial. Esta socialização tem a ver com o plano de formação do programa, que inclui as intenções e objectivos da formação. A seguir, o modelo de participação define as partes interessadas em dar educação e capacitação à comunidade.

Figura 4.6 Modelo Partisipasi Partes Interessadas

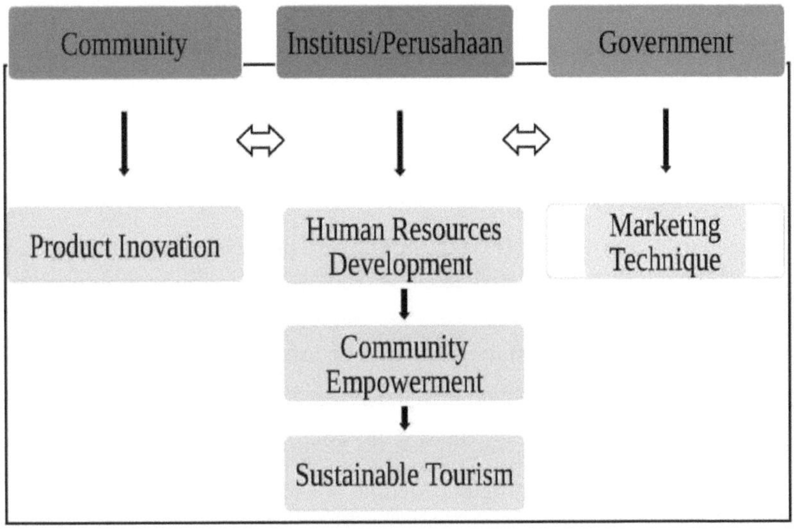

Fonte: Derinta et.al., 2016

A figura 4.6 mostra que o processo de desenvolvimento da área alimentar no

Metro começa com a cooperação entre instituições. A própria sociedade, bem como o governo, neste caso os municípios, determinam as possíveis oportunidades no desenvolvimento do turismo gastronómico. A esta identificação segue-se a implementação de programas que se dividem em três categorias: inovação de produtos, recursos humanos e promoção da engenharia. Isto é o que é chamado no programa de capacitação da comunidade.

Os resultados da observação e a ilustração da aplicação da investigação de campo que se segue são realizados por uma instituição. Este livro baseia-se nos resultados de uma investigação efectuada na cidade de Metro Lampung. Alguns dos exemplos foram retirados de uma situação encontrada no terreno. Um dos exemplos que retratam o empoderamento é o da cidade de Metro Lampung.

O objetivo da capacitação da comunidade nesta matéria são os grupos de mulheres que trabalham na agricultura e o grupo do programa de bem-estar familiar, os operadores comerciais da indústria doméstica e o público em geral na cidade de Metro Lampung. O projeto foi realizado por iniciativa do autor. Com o objetivo de dar um exemplo real de que a comunidade precisa de aumentar os seus conhecimentos e competências. Assim, o apoio e a assistência das partes que têm integridade e empenhamento tornam-se muito importantes.

Uma das partes que tem a integridade e o compromisso aqui é a instituição de ensino. O Instituto de Turismo Sahid é uma das partes que tem a integridade e o compromisso de cooperar com o departamento de agricultura, o departamento de turismo e os funcionários da aldeia.

Este exercício tão simples é uma pequena amostra. O seguinte é uma breve descrição parte de um programa de treinamento feito da mesma maneira. A participação nessas atividades foi realizada em outubro de 2016 na casa do secretariado de grupos de mulheres agricultoras melati (KWT/Kelompok *Wanita Tani* Melati). A compra das atividades de treinamento de um dia de duração e dividida em três sessões. Primeiro, uma demonstração de como fazer bananas de xarope e bananas dodol, e *sessão de partilha de* actividades.

O produto banana xarope e banana dodol é adequado para ser consumido depois de ter sido submetido a testes laboratoriais no Instituto de Agricultura de Bogor, que permitiram calcular o teor nutricional de ambos os tipos de produtos. Para facilitar a formação, os formandos receberam material sob a forma de folhetos. Os folhetos explicam o seguinte: (1) ingredientes utilizados no processo de fabrico do xarope e *do dodol*; (2) equipamento utilizado; (3) processo de fabrico passo a passo.

A partir das demonstrações e da sessão de partilha realizadas, pode concluir-se que fazer *dodol* e bananas em calda não é relativamente difícil. Os ingredientes utilizados são gerais e fáceis de encontrar no mercado ou nos supermercados. Para além disso, no processo de fabrico *do dodol* e das bananas em calda apenas se utiliza equipamento simples que se encontra frequentemente em casa. O processo de fabrico é relativamente fácil e pode ser feito em casa. Para fazer dodol é necessário um tempo relativamente maior do que para fazer xarope de banana. É para obter uma ideia de aroma, cor e textura.

O total de participantes que assistiram ao programa foi de 26 pessoas. A maioria dos participantes eram adultos do sexo feminino. Em geral, todos os participantes estavam entusiasmados com a formação. Todos os participantes não só ouviram como também praticaram o processo de fabrico de bananas em calda e de banana *dodol.* Os participantes não tiveram problemas em seguir estas actividades. Também foram realizadas algumas actividades semelhantes, como fazer uma bebida de gengibre, castanha, fazer batik, etc.

A educação e a capacitação podem ser sustentáveis. Os pequenos empresários do sector doméstico, especialmente as mulheres, podem melhorar as suas empresas de forma mais desenvolvida. Para além dos aspectos acima referidos, os pequenos empresários do sector doméstico podem obter capital através de empréstimos bancários bonificados. As implicações do sector doméstico criarão um efeito multiplicador mais amplo.

CAPÍTULO 5

CONCLUSÃO

A cidade metropolitana de Lampung transformou-se de uma aldeia agrícola numa cidade urbana agropolitana. No processo de transformação, o valor do conhecimento local é tido em alta conta. Estas medidas para manter o valor do conhecimento local não são corroídas pela invasão de produtos e por uma epidemia de cultura desconhecida em várias cidades da Indonésia em geral. O excesso de bananeiras amplamente cultivadas na cidade de Lampung, na região metropolitana, é capaz de impulsionar a economia da aldeia, embora ainda em microescala.

Os resultados do excesso de cultivo levaram alguns agricultores a vender diretamente as suas próprias colheitas aos colectores tradicionais locais. Em seguida, os colectores de bananas são distribuídos por várias cidades de Sumatra e Java. Apenas uma pequena parte é consumida pela população da cidade de Lampung. Alguns factos empíricos relacionados com as bananeiras e a culinária local processada são: (1) As colheitas de bananas transbordam; (2) São criadas em culinária local distinta; (3) Variantes de produtos culinários localizados (snacks) relativamente grandes; (4) São produzidas em lembranças típicas. Em quarto lugar, o facto empírico desta perspetiva turística pode constituir uma atração turística digna.

A realização da criação de uma nova atração turística digna é totalmente impulsionada pelo governo regional local. Este facilita os empresários em termos de fornecimento de infra-estruturas e de programa de capacitação da comunidade local. O governo constrói um centro de recordações para que os turistas possam comprar recordações e comida como um metro típico. O centro de recordações ainda está a ser construído pelo governo regional local. Além disso, o governo local continua a dar formação e aconselhamento para melhorar as competências da população local.

Bem estruturada em todos os capítulos, esta conclusão é explicada de forma exaustiva em cinco capítulos. Esta conclusão é uma cobertura de livros que assumem o título de "Culinary Tourism Development Model In Metro Lampung City". Este capítulo apresentará as conclusões e sugestões relacionadas com a implementação do modelo de desenvolvimento da região remota e escassamente povoada que, na ocasião, adoptou o conceito de base temática culinária localizada como um esforço para aumentar a existência do discernimento do discernimento de uma região local. Para esta conclusão, o presente documento está dividido em quatro capítulos: (1) Gastronomia e Turismo Culinário; (2) O Potencial da Cidade de Metro Lampung; (3) O Ícone do Turismo Culinário da Cidade de Metro Lampung; e (4) Estratégia de Desenvolvimento do Turismo Culinário.

A primeira parte do livro fala sobre a melhoria do valor económico que pode ser obtido através de actividades turísticas culinárias. A culinária local foi elevada à sabedoria cultural local de manter a existência. A sabedoria cultural local precisa de ser mantida e a preservação dos recursos como herança dos pais é literalmente insubstituível. Através da cultura da bananeira, que produz uma colheita abundante, espera-se que a cultura culinária local estimule outros produtos transformados à base de banana.

A culinária local é constituída por petiscos que utilizam a banana como ingrediente principal. Esta revisão pode reforçar a definição operacional que se tornou o tema principal deste livro. O turismo gastronómico e o turismo culinário são os pilares deste livro. Estes factores são compilados para serem complementares e a culinária local à base de banana tem um valor acrescentado.

Na segunda parte deste livro é descrito o potencial da cidade de Metro Lampung, começando pelo perfil público até ao potencial que possui. A participação de apoio da área turística é desenvolvida de modo a acrescentar uma atração turística digna de ser oferecida. *Taman Merdeka*, *Dam Raman*, Old Mosques Taqwa são locais que podem ser recomendados como zona turística dos apoiantes. Na explicação, a aplicação do conceito de 5A (acessibilidade; alojamento; atração, comodidades, ambiente) é a escolha certa. Pela segunda parte do modelo de desenvolvimento que adopta a teoria de Gunn (1972).

A terceira parte aborda a perspetiva do turismo especial no que respeita à variedade de ícones da culinária da cidade de Lampung. Há quatro notas importantes sobre os temas da terceira parte deste livro. Em primeiro lugar, descreve-se a filosofia que está na base das bananeiras. Em segundo lugar, descreve-se a inovação dos produtos culinários com todo o seu desenvolvimento. Discutir os três pontos sobre os produtos culinários locais. Os aperitivos e os produtos derivados da banana como matéria-prima foram escolhidos como ponto focal deste trabalho. As teorias básicas utilizadas na exploração do potencial turístico da culinária da cidade de Metro Lampung são o marketing hotchpotch (marketing mix).

A última parte deste livro recomenda uma estratégia de desenvolvimento do turismo gastronómico adequada à aplicação. A seleção da estratégia de formação baseia-se numa análise SWOT. A fim de reforçar o resultado, também a explicação do potencial baseado nos petiscos locais de banana propostos como ícones do turismo culinário para as cidades do Metro Lampung City.

Com base nos resultados da análise SWOT, a estratégia de formação do desenvolvimento do produto turístico gastronómico provocado pelas suas bananas pode ser feita através da colaboração entre as partes interessadas. O apoio do governo à sociedade indica a seriedade do governo em fazer cumprir o Metro para ter uma base temática de ícones. Uma base temática de ícones que é recomendada sob a forma de banana feita de snacks locais.

O apoio do governo à comunidade local neste momento é a população local que foi realizada na indústria doméstica inclui 1) Educação e Capacitação; 2) Abrir a oportunidade para o investimento turístico; 3) sinergia entre sectores assuntos institucionais; 4) aumentar a participação da comunidade; 5) utilização de tecnologia da informação; 6) faz pacote turístico agro; 7) para melhorar a qualidade dos serviços; e 8) determina o foco da administração da cidade bananas produtos de desenvolvimento.

Factores como o valor do ambiente, um papel ativo do governo, o valor do negócio, o valor da culinária local e o valor dos produtos e das embalagens apoiam o desenvolvimento do turismo culinário. Embora haja uma série de constrangimentos no desenvolvimento das actividades turísticas culinárias, ainda existe uma lacuna que pode ser benéfica. É positivo que a culinária local seja utilizada como uma atração turística digna na cidade de Metro Lampung.

O resultado da investigação que se manifestou neste livro representa o primeiro passo para encontrar a semelhança das suas percepções entre as partes interessadas e conhece as expectativas dos turistas no desenvolvimento do turismo culinário na cidade de Metro Lampung. O uso da iniciação para trocar informações, procurar um bom lugar e acasalar foi executado pelas partes interessadas (a comunidade, o governo, a empresa, bem como as instituições de ensino). O intercâmbio de informações tem por objetivo aumentar a qualidade do produto ou a colaboração, melhorar as capacidades de realização.

REFERÊNCIAS

Arsenault, N. (2014). A economia do visitante. Nova Scotia Innovation Days 29 de abril de 2014.Diakses dari halaman *https://tourismns.ca/sites/default/files/page_documents/nancy20arsenaulttourisminnovationsday2014smallpdfcom_.pdf*

Gunn, C. A dengan Var, Turgut (2002). *Tourism Planning: Basics, Concepts, Cases*, 4th edition. New York: Routledge.

Hall, C. M., Sharples, L., Mitchell, R., Macionis, N., Cambourne, B. (2003). Food tourism around the World, Butterworth-Heinemann, Oxford.

Hunger, J. David e Wheelen, Thomas L. (2006). *Manajemen Strategis*. Alih Bahasa Julianto Agung. Yogyakarta : Andi Press.

Indriyo Gitosudarmo. 2012. *Manajemen Pemasaran*. Yogyakarta:BPFE.

Pine, BJ., GIllmore J.H.(1998). Welcome to the Experience Economy. Harvard Business Review, julho-agosto.

Rangkuti, Freddy. (2005). Analisis SWOT. *Teknik membedah kasus bisnis: reorientasi konsep perencanaan strategi untuk menghadapi abad 21*. PT Gramedia Pustaka Utama. Jakarta.

Smith, S & Xiao, H (2008). Culinary tourism supply chains: Preliminary examination", *Journal of Travel Research, vol. 46, no. 3* .

Wolf, E. (2004). *Culinary Tourism: A Tasty Economic Proposition*. Portland, OR: Associação Internacional de Turismo Culinário.

Biro Pusat Statistik Kota Metro, 2016

Biro Pusat Statistik Kota Metro, 2016

Dinas Pertanian, Perikanan dan Kehutanan Kota Metro, 2013

Sumber Internet:
https://travel.kompas.com/read/2016/05/31/16140Q627/Menpar.Kuliner.Indonésia.Mendunia.

https://metrokota.bps.go.id

https://lampungbananafoster.com/gallery

Sumber Internet:

PERFIL DOS AUTORES

Derinta Entas, nascida em Jacarta a 2 de dezembro de 1971. Atualmente, está inscrito como professor no Programa de Estudos de Turismo no Instituto Sahid de Turismo de Jacarta, Indonésia. Dedica-se à investigação no domínio do turismo, centrando-se em particular no desenvolvimento do turismo regional/destinos, no turismo urbano e no turismo cultural e patrimonial. Obteve o grau de doutoramento na Faculdade de Ciências Culturais da Universidade de Udayana, Denpasar Bali, em 2017. A correspondência pode ser enviada por correio eletrónico para derintaentas@stpsahid.ac.id ou derinta.derinta@gmail.com.

Karlina, nascida em Labuan Banten em 16 de novembro de 1962. O seu primeiro emprego foi no Departamento de Marketing em 1997-2000 na PT. Arena Sarana Teknik Cabang Lampung e, atualmente, como professora de Turismo e Gestão de Viagens no Sahid Tourism and Institute Jakarta, desde 2000 até ao presente. Licenciei-me na Faculdade de Economia da Universidade de Lampung, com especialização em Gestão. Posteriormente, obtive o grau de Mestre em Gestão na Universidade de Pamulang, South Tangerang Banten. O foco da investigação é o desenvolvimento do turismo culinário. Para mais informações, contactar o seguinte endereço eletrónico: 124karlina@gmail.com

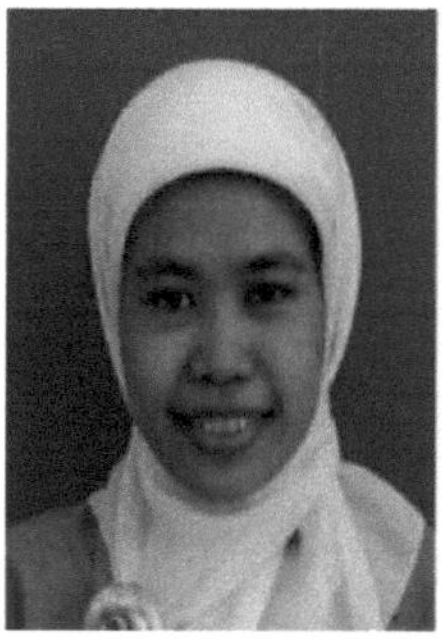

Nuryadina Augus Rini, nascida em Ujung Pandang (atualmente Makassar), Indonésia, em 1 de agosto de 1976. Iniciou a sua carreira como docente em 2004 no campus de uma universidade em Jacarta e optou por se estabelecer no STP Sahid (Sahid Tourism and Institute) em Jacarta. O inglês para hotelaria e turismo é a disciplina principal leccionada em Sahid, o que é novo para o escritor e tem muitos conhecimentos novos no mundo do turismo. O interesse pelo inglês é uma opção para continuar a estudar na pós-graduação (S1) da Universidade de Mulawarman Samarinda, Kalimantan Oriental, em 2001, e terminar os estudos de Magister of English Education na Universidade UHAMKA de Jacarta em 2010. Para mais informações, contactar instantaneamente o seguinte endereço eletrónico: n.augustrini@gmail.com

MIX
Papier aus verantwortungsvollen Quellen
Paper from responsible sources
FSC® C105338

Printed by Books on Demand GmbH, Norderstedt / Germany